Für meine Familie,
die mich immer daran erinnert, unabhängig zu sein!

INHALT

TIJEN ONARAN

Nur wer sichtbar ist, findet auch statt

GOLDMANN
Lesen erleben

Buch

Wie wir uns präsentieren und wie wir wahrgenommen werden, ist Teil unserer Persönlichkeit. Das Bild, das wir abgeben, und die Rolle, die wir spielen, sind elementar für unseren Erfolg im beruflichen wie im privaten Kontext. Tijen Onaran erklärt eindrucksvoll, wie man eine persönliche Marke aufbaut, seine eigene Agenda findet und vermeidet, von anderen in unliebsame Schubladen gesteckt zu werden. Sie zeigt, wie wir unsere Wahrnehmung online in den sozialen Medien, aber auch offline selbst gestalten können. Dabei berichtet sie von ihren eigenen Erfahrungen in der Politik und der Digitalbranche, von Rückschlägen, Lerneffekten und ihrer ganz persönlichen Markenbildung. Das Must-read in Sachen Personal Branding.

Autorin

Tijen Onaran ist Moderatorin, Speakerin und Gründerin der »Global Digital Women«. Das internationale Netzwerk setzt sich für mehr Sichtbarkeit und Empowerment von Frauen in der Digitalbranche ein und berät Unternehmen in Diversitätsfragen. Tijen steht für Networking in der Wirtschaft und ist Expertin auf dem Gebiet des Personal Branding. Sie wurde vom Manager Magazin unter die 100 einflussreichsten Frauen der deutschen Wirtschaft gewählt, ist Trägerin des »Made in Baden Award« und gehört zu den Top-Influencer*innen auf LinkedIn.

TIJEN ONARAN

NUR WER SICHTBAR IST, FINDET AUCH STATT

Werde deine eigene Marke und hol dir den Erfolg, den du verdienst

GOLDMANN

Alle Ratschläge in diesem Buch wurden von der Autorin und vom Verlag sorgfältig erwogen und geprüft. Eine Garantie kann dennoch nicht übernommen werden. Eine Haftung der Autorin beziehungsweise des Verlags und seiner Beauftragten für Personen-, Sach- und Vermögensschäden ist daher ausgeschlossen.

Wir haben uns bemüht, alle Rechteinhaber ausfindig zu machen, verlagsüblich zu nennen und zu honorieren. Sollte uns dies im Einzelfall aufgrund der schlechten Quellenlage bedauerlicherweise einmal nicht möglich gewesen sein, werden wir begründete Ansprüche selbstverständlich erfüllen.

Sollte diese Publikation Links auf Webseiten Dritter enthalten, so übernehmen wir für deren Inhalte keine Haftung, da wir uns diese nicht zu eigen machen, sondern lediglich auf deren Stand zum Zeitpunkt der Erstveröffentlichung verweisen.

MIX
Papier aus verantwortungsvollen Quellen
FSC® C083411

Verlagsgruppe Random House FSC® N001967

Dieses Buch ist auch als E-Book erhältlich.

1. Auflage
Originalausgabe August 2020

Umschlaggestaltung: Uno Werbeagentur, München
Umschlagfoto: Urban Zintel, Berlin
Redaktion: Joscha Faralisch, München
Illustrationen: S.125 (v.o.n.u.): © cougarsan/Shutterstock, ober-art/Shutterstock, S.126 (v.o.n.u.): © FOS_Icon/Shutterstock, Cosmic_design/Shutterstock
Satz: Satzwerk Huber, Germering
Druck und Bindung: CPI books GmbH
Printed in Germany
EB · TW
ISBN 978-3-442-17867-4

Besuchen Sie den Goldmann Verlag im Netz

Kapitel 7: Vorbilder, Mentor*innen und Netzwerke

Kapitel 8: Täglich grüßt die Neuerfindung

Kapitel 9: Re-Branding

KAPITEL 1

EINLEITUNG

Was Personal Branding bewirkt

Ohne Personal Branding wäre ich heute nicht da, wo ich bin. Gelernt habe ich das, worum es in diesem Buch gehen soll, aber nicht etwa in der Schule. Vielmehr habe ich es mir Schritt für Schritt durch teils schmerzhafte Erfahrungen in der Praxis selbst beigebracht. Mein Ansatz lautete stets »Learning by Doing« – wobei »Hinfallen, Aufstehen und Weitermachen« die Realität besser beschreibt.

Aber der Reihe nach. Denn es gab durchaus ein initiales Erlebnis, durch das mir bewusst wurde, dass es eine wichtige Lektion im Leben zu geben scheint, mit der ich bis zu diesem Zeitpunkt nicht vertraut war. Angespornt durch meine Eltern habe ich den Weg in die Politik gewagt. In Wahrheit waren meine Eltern wahrscheinlich der stundenlangen Diskussionen am Essenstisch überdrüssig, und so empfahlen sie mir, doch mal versuchsweise in eine Partei einzutreten. Dort könne ich dann über all die Themen sprechen, die mich so brennend interessieren, und mich mit anderen darüber austauschen. Da ich die Idee gut fand, startete ich den Versuch und sondierte erst einmal, welche der Parteien am besten zu mir passen würde.

Die größte Schnittmenge fand ich mit der FDP, und da damals der Wahlkampf vor der Tür stand, wurde ich nicht nur dankbar aufgenommen, sondern nach kurzer Zeit direkt gefragt, ob ich nicht Lust hätte, mich als Kandidatin für den Landtag von Baden-Württemberg aufstellen zu lassen.

Schnitt. Wenige Wochen später fand ich mich bei einer Veranstaltung wieder und sah mich mit Fragen wie den folgenden konfrontiert:

Was können wir tun, um Menschen mit Migrationshintergrund in unsere Gesellschaft zu integrieren?

Wie denken Sie über den Islam?

Sitzen Sie eigentlich zwischen zwei Stühlen – den hier lebenden Türken und den Deutschen?

Sollte es für Menschen mit muslimischem Glauben einen eigenen Religionsunterricht geben?

Was denkt die zweite und dritte Generation über die Anwerbeabkommen mit der Türkei?

Brauchen wir ein Migrationsgesetz?

In diesem Stil reihte sich eine Stunde lang eine Frage an die nächste. Ich stammelte mich von Antwort zu Antwort. Weder hatte ich mich gut vorbereitet, noch konnte ich mit den Themen wirklich viel anfangen. Schauplatz war der Konferenzraum eines altehrwürdigen Karlsruher Hotels, das alle Klischees erfüllte: mit Stuck verzierte Decken, mit Brokat-Teppichen ausgelegte Flure und massive Vorhänge an den Fenstern. Anlass der Veranstaltung war, dass Interessierte sowie der Vorstand der Partei einen Eindruck der FDP-Kandidat*innen für den Landtagswahlkampf 2006 bekommen sollten. Eine dieser Kandidatinnen war ich. Mein Profil: Junge Studentin mit Migrationshintergrund, die im Wahlkampf die Themen Bildung und Integration besetzt.

Wie es dazu kam? Im Grunde war es Glück, aber auch ein klein wenig Pech. Vor allem aber die Tatsache, dass ich mir meine Themen damals nicht selbst ausgesucht hatte. Aber der Reihe nach: Nach meinem wenig ruhmreichen ersten Auftritt bei der Auftaktveranstaltung zur Landtagswahl sprach mich die Inhaberin einer Werbeagentur an. Dafür bin ich bis heute dankbar, denn ehrlich gesagt stand ich mit sehr wenig da. Ganz genau genommen mit nichts. Meine Eltern hätten mir in dem Moment sicher gerne geholfen – aber leider sind sie keine Politikstrategen. Jemand mit einer eigenen Werbeagentur war für mich demnach ein Geschenk des Himmels. Allerdings mit schlechten Nachrichten. Denn sie gab mir damals nach der Veranstaltung unmissverständlich zu verstehen, dass wir sowohl an mir als auch an meiner Strategie für den Wahlkampf arbeiten müssen. So vereinbarten wir einen Termin zum Brainstorming. Nach einer kurzen Anamnese standen »meine« Themen fest: Als angehende Studentin passe das Thema Bildung zu mir, als Frau natürlich irgendwie auch das Thema Familie und aufgrund der Biografie meiner Eltern das Thema Integration. Spoiler: Nur weil bestimmte Themen deine Lebensrealität abbilden, sind es nicht automatisch deine Themen.

Eine Entscheidung und ihre Folgen

Aber so wurde ich damals positioniert, und dementsprechend wurde auch mit mir diskutiert. Es dauerte nicht lange, bis die leise Ahnung in mir aufkeimte, dass ich weder im Themenfeld Migration und Integration noch in den daran angrenzenden Fragestellungen wirklich zu Hause war. Weder bin ich besonders »türkisch« erzogen worden, noch spielte Religion in meinem Elternhaus eine Rolle. Es handelte sich dabei lediglich um Themen, die in der Annahme für mich ausgesucht wurden, ich könne sie »authentisch« verkörpern und »glaubwürdig« rüberbringen. In Wahrheit war das Gegenteil der Fall. Denn jemand anderes hatte diese »meine« Themen für mich gesetzt, und ich selbst konnte mich nicht damit identifizieren. Authentisch fühlte sich die ganze Situation erst recht nicht an.

> » Nur wenn du deine Themen setzt, kannst du sie auch glaubwürdig vertreten.

Was war das Problem? Nicht ich habe meine Agenda und meine Themen bestimmt, sondern andere. Diese Situation ist zugegebenermaßen speziell, aber sicher kein Einzelfall. Im Prinzip kann so etwas jede*n in der ein oder anderen Form betreffen. Denn es gibt viele Menschen, die bewusst oder unbewusst Erwartungen an uns haben. Sie sehen vielleicht Dinge in uns, denen wir selbst keinen hohen Stellenwert einräumen oder die unbedeutend für uns sind. Die Öffentlichkeit, das Publikum, eine Partei, manchmal auch die eigenen Eltern, Familienmitglieder oder Freund*innen. Zuschreibungen, Klischees und falsche Erwartungshaltungen prägen, wie andere uns als Personen wahrnehmen, und es gibt immer wieder Situationen, in denen wir aus dem einen oder anderen Grund diese Erwartungshaltungen erfüllen. Angefangen bei der Wahl des Studienfaches oder Berufs über die Wahl des Arbeitgebers bis hin zu Entscheidungen, bestimmte Aufgaben oder Aufträge zu übernehmen – dabei ist die Bestimmung der eigenen Position und der eigenen Themen essentiell und etwas, das wir nur selbst entscheiden können.

Situationen wie die, in der ich mich damals befand, sind wahrscheinlich eher die Norm als die Ausnahme. Denn viele Gelegenheiten und Chancen bieten sich uns im Leben mehr oder weniger zufällig, und wir entscheiden uns für etwas manchmal aufgrund der Ermangelung von Alternativen. Oft besteht die Herausforderung dann darin, im Nachhinein einen tieferen Sinn hinter den ganzen Entscheidungen der Vergangenheit zu finden, die einen dorthin geführt haben, wo man gerade ist.

» Entscheidungen sind Eckpfeiler. Sind diese erst einmal gesetzt, dann ist die Richtung klar.

Ich musste schmerzhaft am eigenen Leib erfahren, welch drastische Auswirkungen unreflektierte Entscheidungen auf das eigene Leben haben können. Wenn du erst einmal in so einer Schiene drin bist, musst du es nämlich auch wirklich durchziehen. In meinem Fall bedeutete das: Nachdem meine Themen damals im Wahlkampf gesetzt waren, folgten zahlreiche Einladungen zu Veranstaltungen, die zu »meinen« Themen passten. So tingelte ich von Vereinen zu Verbänden, die alle Migrant*innen als Zielpublikum hatten. Ich versuchte, mich und meine Mission, so gut es mir möglich war, zu verkaufen. Nebenbei bemerkt waren Podiumsdiskussionen an sich damals noch enorm schwierig für mich. Ich hatte weder Erfahrung damit noch den nötigen Weitblick, um an die Sache heranzugehen. Und nicht zuletzt fehlte mir ja auch schlicht die tiefergehende Auseinandersetzung mit den Themen. So traf ich bei den Diskussionen immer wieder auf Expert*innen, die sich seit vielen Jahren mit dem jeweiligen Thema beschäftigt hatten und darin logischerweise sehr viel sattelfester waren als ich. Zur Diskussion über ein Migrationsgesetz konnte ich erschreckend wenig beitragen. Das wurde in dem Moment nicht nur mir selbst klar, sondern leider auch allen anderen Anwesenden. Auch zu persönlichen Fragen, die vollständig neu für mich waren, musste ich etwas überfordert Stellung beziehen: »Trägt deine Mutter ein Kopftuch?« Bis zu diesem Zeitpunkt war immer allen, die mich kannten, einigermaßen klar gewesen, dass ich nicht aus einem besonders orthodoxen Haushalt stamme. Nun aber wurde ich mit Fragen konfrontiert, die ich mir selbst noch nie in meinem Leben gestellt hatte. Die sogenannte Kopftuchdebatte war damals hochaktuell. Und so wurde ich häufig gefragt: »Sollen Lehrerinnen ein Kopftuch im Schulunterricht tragen dürfen?« Meine Antwort lautete wahrheitsgemäß: »Ich persönlich war auf einer katholischen Mädchenschule. Dort gab es auch Nonnen, die ihre Kopfbedeckung im Unterricht trugen. Ich finde, dass es selbstverständlich ihre freie Entscheidung bleiben sollte, ob sie das auch in Zukunft machen wollen – das ist schließlich Ausdruck ihres persönlichen Glaubens.« Diese Situationen begegneten mir im Wahlkampf ständig: Ich wurde auf Themen angesprochen, die in meiner persönlichen Lebensrealität entweder keine Rolle gespielt hatten oder so selbstverständlich waren, dass ich mir nie darüber Gedanken gemacht hatte. Ich hatte mich mit den Themen, die ich dann repräsentieren sollte, schlichtweg nicht in der Intensität beschäftigt, dass ich in der Lage war zu diskutieren. Natürlich habe ich es im Laufe des Wahlkampfs gelernt, aber diese Situation zeigt: Wenn du deine Agenda nicht selbst bestimmst, bestimmt sie jemand anderes!

So verloren und fremdbestimmt, wie ich mich damals gefühlt habe, sollte sich kein junger Mensch fühlen, wenn er in die Öffentlichkeit tritt. Und natürlich auch kein nicht mehr ganz so junger. Das muss auch nicht sein. Genau aus diesem Grund habe ich mich dazu entschlossen, dieses Buch zu schreiben. Denn rückwirkend wurde mir klar, dass die entscheidende Frage lautet: Wie gelingt es mir, meine eigenen Themen und meine eigene Agenda zu besetzen? Dabei ist es ganz egal, ob es darum geht, eine politische Kampagne auf den Weg zu bringen, sich auf die berufliche Karriere vorzubereiten oder seinen persönlichen Lebensweg zu gestalten. Mein Ziel ist es zu vermitteln, wie du dich nachhaltig und stark positionieren kannst, um die Ziele im Leben zu erreichen, die du dir gesteckt hast. Dabei soll es um ganz grundlegende Dinge gehen, wie etwa die Frage, warum du dich überhaupt mit dem Thema Personal Branding auseinandersetzen solltest. Es geht aber auch ganz konkret darum, welche Mittel und Wege du nutzen kannst, damit du den Erfolg hast, den du verdienst. Welche Rolle spielen dabei die digitalen Kanäle, und allen voran Social Media? Und nicht zu vergessen: Wie kommunizierst du deinen Markenkern im analogen Raum – angefangen vom Small Talk bis hin zur Podiumsdiskussion oder zu Vorträgen?

» Deine Botschaft, deine Themen und dein Markenkern sollten immer klar erkennbar sein – ganz gleich ob online oder offline.

An wen sich dieses Buch richtet

Auch wenn es vermessen klingt, aber dieses Buch richtet sich wirklich an JEDE*N. Unabhängig davon, ob du berufstätig bist oder nicht, ob du angestellt oder selbständig, Berufsanfänger*in, Freelancer*in oder Gründer*in bist, ob du am Wendepunkt deiner Karriere stehst oder bereits eine Führungsposition innehast, jung oder alt, ganz gleich welchen Geschlechts, sozialer oder ethnischer Herkunft du bist, ob du mit Personal Branding am Anfang stehst oder bereits positioniert bist und wissen willst, wie du den roten Faden nicht verlierst, Krisen überstehst und deiner Linie treu bleibst. Ich bin fest davon überzeugt, dass Personal Branding eines der wirkungsvollsten Instrumente ist, um unser Leben in jeder Hinsicht sichtbar machen und gestalten zu können. Mir selbst hat es in meiner beruflichen Karriere unglaublich geholfen. Ohne Personal Branding und ohne Networking wäre ich heute nicht da, wo ich bin. Da ich viel über meine persönlichen Erfahrungen und Lektionen berichten werde, steht der berufliche Aspekt von Personal Branding natürlich oft im Fokus – aber alle Aspekte und Geschichten lassen sich auch auf viele andere Lebensbereiche übertragen.

Wir alle sind Personenmarken

Nur weil Personal Branding ein Thema ist, mit dem sich alle gleichermaßen beschäftigen sollten, heißt es nicht, dass es für alle immer gleich funktioniert. Das wird schnell deutlich, wenn wir uns drei verschiedene Gruppen ansehen: Berufsanfänger*innen, Unternehmer*innen und Menschen in Führungspositionen. Natürlich wollen die Vertreter*innen aller drei Gruppen als Experten*innen für ein bestimmtes Thema wahrgenommen werden. Aber außer dieser grundsätzlichen Gemeinsamkeit dominieren die Unterschiede: Eine Berufsanfängerin ist auf der Suche nach einem Job, der zu ihren Talenten und ihrer Ausbildung passt. Entsprechend wird sie sich auch positionieren und ein ganz bestimmtes Publikum ansprechen – nämlich Unternehmen, die als potentielle Arbeitgeber infrage kommen. Ganz anders sieht es bei Unternehmerinnen und Entrepreneuren aus. Ihre Themen werden sich sehr viel stärker am Markt orientieren. Ihr Zielpublikum sind ihre

Kund*innen, Talente und andere Unternehmen in ihrem Bereich. Menschen in Führungspositionen wiederum richten sich zum einen sehr viel stärker an ihre eigene Organisation und adressieren zum anderen auch die Industrie, in der sie verortet sind.

Aus jeder dieser drei Ausgangssituationen leitet sich eine andere Kommunikationsweise und auch eine andere Branding-Strategie ab.

! Frage dich, in welche Kategorie du fällst und wer dein Zielpublikum ist – Berufsanfänger*innen verfolgen eine andere Branding-Strategie als Menschen in Führungsverantwortung.

Doch auch wenn sich die Strategien im Einzelnen unterscheiden, halte ich es für notwendig, sich überhaupt und ganz grundlegend mit dem Thema Markenbildung auseinanderzusetzen. Der wichtigste Grund dafür ist: Wir alle – ob wir es wollen oder nicht – sind Personenmarken. Das gilt für Menschen, die im Berufsleben stehen, ebenso wie für Menschen in der Politik und natürlich auch im Privaten. Selbstverständlich ist es im Berufsleben naheliegender und nachvollziehbarer, von Personenmarken und deren Markenkern zu sprechen, als im Privaten. Aber auch leidenschaftlich betriebene Hobbys können Bestandteil einer Personal Brand sein. Angenommen, jemand engagiert sich in der Nachbarschaftshilfe, so könnte dessen Markenkern die Fähigkeit sein, Dinge gut reparieren zu können. Die entscheidende Frage lautet stets: Sind wir bereit, uns bewusst mit uns als Marke auseinanderzusetzen und diese selbst zu gestalten?

» Jede*r besitzt eine Personenmarke. Die Frage ist nur, ob man sie auch bewusst gestaltet.

Es gibt eine ganze Reihe von guten Gründen, warum es heute wichtig ist, eine eigene Marke aufzubauen. Aus meiner Perspektive sind die folgenden vier dabei die wichtigsten:

- **Du** bestimmst, was deine **Themen** sind.
- Du schaffst einen großen **Wiedererkennungseffekt**.
- Du hast unter Kontrolle, wie du **wahrgenommen** wirst und was andere über dich wissen.
- Du kannst ein **Netzwerk** mit Menschen aufbauen, die Fähigkeiten besitzen, die du selbst nicht hast.

Es gibt natürlich noch viele weitere gute Gründe, um sich mit dem Thema Personal Branding auseinanderzusetzen. Doch es geht vor allem um Souveränität, also darum, Dinge selbst, selbstbestimmt und selbstbestimmend in die Hand zu nehmen. Vor diesem Hintergrund ist es gar nicht verwunderlich, dass das Phänomen Personal Branding in den letzten Jahren vor allem unter Selbständigen an Bedeutung gewonnen hat. Freelancer ebenso wie junge Unternehmer*innen müssen sich sehr viel stärker darum bemühen, ihr Zielpublikum zu definieren, es anzusprechen und nachhaltig zu vermitteln, wofür sie stehen. Personal Branding ist dafür das Mittel zum Zweck.

» Dein Ziel: Die Leute sollen verstehen, wofür du stehst. Deine Lösung: Personal Branding.

Image, Bedeutung und Wert von Personal Branding

Eine starke Marke zu haben ist viel wert. Das lässt sich schon allein daran erkennen, wie viel Geld Unternehmen einsetzen, um ihr Image und ihre Marke zu profilieren. Je bekannter eine Marke ist, desto höher ist ihr Wiedererkennungswert. Das zeigt sich an einem ganz alltäglichen Beispiel: Angenommen ich habe zwei Programmiererinnen in meinem Freundeskreis. Beide haben den gleichen Erfahrungsstand und scheinen objektiv gleich gut zu arbeiten. Aber eine der beiden taucht regelmäßig in meinem Social-Media-Feed auf, weil sie (aus meiner Sicht nerdige) Artikel postet und kommentiert, während die andere Social Media nicht oder nur passiv nutzt. An wen denke ich wohl zuerst, wenn ich mal eine Frage zum Programmieren habe?

Viele Unternehmen zahlen inzwischen sogar für diesen Wiedererkennungseffekt: Sie geben zum Teil sehr viel Geld dafür aus, dass sie ganz oben auftauchen, wenn man einen bestimmten Begriff bei Google eingibt, um so mit diesem Thema verknüpft zu werden. Eine starke Personenmarke hat demgegenüber den Vorteil, dass du anderen Menschen automatisch in den Sinn kommst, wenn sie an ein bestimmtes Thema denken.

Ob im selbständigen, beruflichen oder privaten Kontext – Personal Branding hat bei vielen Menschen nach wie vor ein schlechtes Image. Ich habe es mir zur Gewohnheit gemacht, bei meinen Vorträgen und Workshops zu diesem Thema die Menschen im Publikum zu fragen, was sie spontan mit dem Begriff Personal Branding verbinden. Die häufigsten Antworten und Assoziationen sind:

- »Selfie-Show«
- »Self Promotion«
- »Ego«
- »Food Pics«
- »Trump«
- »too much information«

Nicht zuletzt aufgrund der Herkunft des Begriffs *Branding*, der ja in seiner heutigen Verwendung besonders in den Bereichen Marketing und Vertrieb geprägt wurde, denken viele, dass es sich bei Personal Branding um die reine Selbstinszenierung handelt, mit dem Ziel, sich selbst oder eine Dienstleistung zu verkaufen. Personal Branding hat meinem Verständnis nach jedoch wenig mit Vertrieb oder Verkaufen zu tun. Vielmehr kann es ein hilfreiches Mittel zur Persönlichkeitsbildung sein, wenn wir uns von der einschlägigen Konnotation befreien und weiterdenken. Und genau das möchte ich in diesem Buch machen.

Heute hat das Thema Personal Branding eine ganz neue Relevanz bekommen. Das hängt sicher zentral mit den Social Media und den vielfältigen Möglichkeiten im Netz zusammen. Die Social Media bringen uns alle ein Stück weit dazu, uns als Marke zu verstehen und zu positionieren. Schon durch das Ausfüllen der Profile sind wir gezwungen, uns mit der Frage zu beschäftigen: Wie sollen andere mich wahrnehmen? Die digitalen Kanäle sind aber auch eine Falle. Denn sie verführen uns dazu zu denken, dass wir Personal Branding ausschließlich online betreiben könnten. Ich bin davon überzeugt, dass genau das Gegenteil der Fall ist. Die Möglichkeiten, die sich uns online bieten, sind nur *ein* Tool in unserer Werkzeugkiste. Alles, was wir online machen, muss sich zwangsläufig auch in die Offline-Welt ausweiten. Aber natürlich funktionieren die Dinge online anders als im Leben offline.

» Das Internet ist das Abbild der Realität, das aber eine eigene Geschichte erzählen kann.

Neben dem einen Extrem – Personal Branding ausschließlich online zu betreiben – gibt es auch das andere: sich der Online-Welt vollständig zu entziehen. Auch das halte ich für falsch. Denn wer sich nicht auch online selbst um seine Personenmarke beziehungsweise seinen Markenkern kümmert, überlässt es anderen, diese zu bestimmen. Denn jede*r findet in der ein oder anderen Form digital statt. Wenn du jedoch keinen der neuen Kanäle nutzt, bekommst du gar nicht mit, was sich dort abspielt, und kannst auch nicht beeinflussen, was über dich gesagt wird. Ein weiterer wichtiger Grund, sich mit Personal Branding zu beschäftigen.

Warum du dich für Personal Branding interessieren solltest

Vier Online-Phänomene verdeutlichen besonders eindrücklich, wie fatal es sein kann, wenn wir Themen wie Personal Branding und den digitalen Raum vernachlässigen: Influencer-Marketing (aka Schneeballsysteme), Cyber-Bullying, Social Bots und Deep Fakes. Diese Phänomene haben meiner Ansicht nach nur deswegen unverdientermaßen in den letzten Jahren eine so große Prominenz erhalten können, weil es ein Vakuum, eine Leerstelle gab. Ein solches Vakuum kann nur dann entstehen, wenn wir uns selbst und unsere Netzwerke nicht ernst genug nehmen und uns nicht ausführlich genug mit Themen wie Social Media und Personal Branding auseinandersetzen. Wer nie gelernt hat, souverän mit den Social Media und sich als Personenmarke umzugehen, wird sich auch schwertun, echt von falsch zu unterscheiden. Mir ist es beispielsweise wichtig, dass ich alle Menschen, die sich in meinen Kontakten befinden, mindestens einmal getroffen habe – sie also wirklich kenne – oder sie zumindest als real existierende Personen verbürgt sind. Verbindlichkeit und Vertrauen als Grundlage für berufliche und private Kontakte halte ich für wichtige Werte, die vor allem im Digitalen eine Schutzfunktion erfüllen. Was passiert, wenn diese Werte wegfallen, lässt sich am Beispiel von Schneeballsystemen beobachten, bei denen vor allem Selbstinszenierung und persönliche Eitelkeiten im Vordergrund stehen. Hinter seriös anmutenden Bezeichnungen wie *Social Media Marketing* oder *Networking Marketing* verbergen sich betrügerische Geschäftsmodelle, die nur dann funktionieren, wenn alle Teilnehmenden genügend Menschen aus ihren persönlichen Netzwerkkontakten davon überzeugen, ebenfalls Teil des Systems zu werden. Betrugsmaschen wie diese gab es sicher auch schon früher. Was sich durch die Social Media geändert hat, ist jedoch die Sichtbarkeit von angeblich erfolgreichen Personenmarken, die einen regelrechten Personenkult um sich schaffen, um diesen Geschäftsmodellen eine neue Legitimität zu verleihen. Damit verbreiten sie zugleich ein aus meiner Sicht mehr als zweifelhaftes Verständnis von Personal Branding.

Außerdem bieten das Netz im Allgemeinen und die Social Media im Speziellen einen Raum, in dem Cyber-Bullying bzw. Internetmobbing entsteht und zunimmt, wenn wir uns zu wenig damit befassen. Bei diesem Phänomen handelt es sich um eine extreme Form des Verlusts sozialer Normen. Als »Bullies« (engl. für Rüpel, Tyrann, Rowdy oder Schläger) werden Menschen bezeichnet, die ihre Opfer schikanieren, indem sie sie bloßstellen, Unwahrheiten über sie verbreiten oder sie gar körperlich bedrängen. Beim Cyber-Bullying werden diese Formen des Mobbings in die digitale Welt verlagert. Opfer werden durch echte oder gefakte Bilder beleidigt oder bloßgestellt; üble Nachrede und Lügen werden über Kommentare, Chats und Posts verbreitet.

Was hat all das mit Personal Branding zu tun? Cyber-Bullying wird vor allem dann begünstigt, wenn es als legitim gilt, im Netz enthemmt zu sein und all das auszuleben, was man sich im echten Leben vielleicht nicht trauen würde. Also wenn bestimmte Menschen das Gefühl haben, online einen Teil ihrer Persönlichkeit zeigen zu können, für den sie offline bei anderen lieber nicht in Erinnerung bleiben wollen würden. Doch das Internet vergisst nichts, und besonders diejenigen, die wenig Erfahrung mit Social Media haben, sind darüber erstaunt, was eine einfache Google-Suche über sie zutage fördern kann. In den USA wurde vor kurzem ein Fall in den Medien diskutiert, bei dem ein Harvard-Bewerber abgelehnt wurde, weil er sich wenige Jahre zuvor auf Facebook damit einen Namen gemacht hat, Menschen anderer Hautfarbe auf extremste Weise zu beschimpfen und zu verunglimpfen. Die Frage, die sich heute jede*r stellen sollte: Will ich wirklich, dass Mobbing Teil meines Markenkerns wird? Auch all diejenigen, die sich nicht trauen, sich an die Seite der Opfer zu stellen, diese zu verteidigen oder anders gegen Cyber-Bullies vorzugehen, sollten sich fragen, ob sie den digitalen Raum wirklich denen überlassen wollen, die die Normen unseres sozialen Zusammenseins untergraben und aushöhlen.

Auch wenn ich selbst bislang fast ausschließlich positive Erfahrungen mit den Social Media machen durfte, konnte ich kürzlich feststellen, wie schnell es passieren kann, dass man Opfer von Cybermobbing wird.

Das bringt mich zu zwei weiteren Phänomenen, die in diesem Zusammenhang Beachtung finden müssen: *Social Bots und Deep Fakes.* Social Bots sind automatisierte Programme, die sich auf Social Media als reale Personen ausgeben. In Wirklichkeit sind es jedoch Programme, die im Namen künstlich angelegter Profile agieren. Diese Fakes erscheinen inzwischen so authentisch, dass sie kaum mehr von echten Profilen zu unterscheiden sind. In diesem Fall spricht man auch von *Deep Fakes*. Zum Teil werden KI-Algorithmen genutzt, um Profilbilder zu erstellen, die nicht von anderen echten Menschen geklaut sind, sondern einmalig und somit unverwechselbar sind.

Meine Vermutung ist, dass ein solcher gefakter Bot es einmal auf mich abgesehen hatte. Zumindest fing kürzlich ein Profil bei Instagram an, in sehr regelmäßigen Abständen diffamierende Dinge über mich zu posten. Weder kannte ich die Person dem Namen nach, noch hatte ich das Gesicht jemals gesehen. Zudem schien der einzige Zweck des Profils zu sein, andere Menschen zu schikanieren. Die Lösung war in diesem Fall zum Glück vergleichsweise einfach, weil solche Aktivitäten durch Blockieren, Anzeigen und Melden beim jeweiligen Plattformbetreiber relativ schnell zu unterbinden sind. Gleichzeitig glaube ich, dass Personal Branding eine zusätzliche Antwort im Kampf gegen solche Profile und Aktivitäten bietet. Denn wenn alle Menschen ihre Kontakte persönlich kennen, haben Social Bots und Deep Fakes kaum eine Chance. Alles andere macht aus meiner Perspektive und gemäß meinem Verständnis von Personal Branding keinen Sinn. Wer sich als Person präsentieren und seine Themen positionieren will, den sollten Werte wie Verbindlichkeit, Ehrlichkeit und Vertrauen leiten – ganz gleich ob im Netz oder im echten Leben.

Personal Branding ermöglicht es uns also, eine positive Vision von uns selbst zu schaffen. Aber hier sind wir alle gefragt, und alle sind gleichermaßen gefordert. Denn es gibt nun mal Menschen, die voller Hass sind, und gerade sie nutzen die neuen Möglichkeiten im Netz intensiv, um ihren negativen Gefühlen und Befindlichkeiten lautstark Ausdruck zu verleihen. Umso wichtiger ist es, ihnen den digitalen Raum nicht zu überlassen, sondern ihn positiv zu besetzen. Je mehr Menschen sich mit ihrem Selbstverständnis, ihrer Selbst- und Außenwahrnehmung und mit Kommunikation und Interaktion auseinandersetzen – online *und* offline –, desto leichter und entspannter wird der Umgang mit sogenannten neuen Gefahren, und desto erfolgreicher wird auch die eigene Lebensführung. Die einzige Gefahr besteht meiner Überzeugung nach darin, den digitalen Raum denjenigen zu überlassen, die ihn missbrauchen wollen. Wenn es uns gelingt, souveräner mit unserer eigenen Persönlichkeit umzugehen, gewinnt nicht nur jede*r Einzelne, sondern die Gesellschaft als Ganzes.

Challenge: Finde deine Themen

Die erste Challenge besteht aus zwei Schritten – einem theoretischen und einem praktischen. Im Theorieteil geht es um eine erste Bestandsaufnahme. Überlege dir, wofür du stehst. Was sind deine Themen? Was macht dich aus? Hast du deine Themen benannt? Dann geht es jetzt in die Praxis: Google dich selbst! Findest du dich überhaupt? Erscheinst du in einer Form, die dir selbst zusagt? Sind deine Themen, die du dir gerade überlegt hast, mit dir bzw. deinem digitalen Abbild verbunden? Wenn ich dich googeln würde, würde ich auch sofort erkennen, für welches Thema du stehst? Stehst du überall für das gleiche Thema?

IN ALLER KÜRZE:

Egal ob berufstätig oder nicht – alle sollten sich für Personal Branding interessieren. Denn jede*r ist eine Personenmarke, aber nicht jede*r pflegt sie. Personal Branding bedeutet, sich bewusst mit der Frage auseinanderzusetzen, wie man eigentlich seine eigenen Themen bestimmen und besetzen kann. Diese Frage ist sowohl für Menschen wichtig, die ihre berufliche Karriere voranbringen wollen, als auch für Menschen, die überhaupt nicht arbeiten. Denn die zentrale Frage von Personal Branding lautet nicht, wie man sich am besten vermarktet, sondern vielmehr: Wie finde ich zu den Themen, mit denen ich identifiziert werden möchte, und wie gehe ich meine Positionierung Schritt für Schritt an? Wenn du dieses Buch liest, findest du genau das heraus!

KAPITEL 2

WIE DU DIE AGENDA DEINES LEBENS BESTIMMST

Alice Schwarzer und der Dalai Lama touren auch seit Jahren mit demselben Thema

Eine Physikerin, die sich auf Magnetresonanz spezialisiert hat, ist klar im Vorteil. Ihr Expertenthema und ihre Positionierung ergeben sich allein aufgrund ihrer Spezialisierung mehr oder weniger von selbst. Auch in den Bereichen Jura oder Medizin ist die Suche nach dem fachlichen Thema für die eigene Positionierung nicht gerade kompliziert. Die Frage von Menschen aus diesen Bereichen lautet vielmehr: Wie unterscheide ich mich von allen anderen Expert*innen in meinem Fachbereich? Doch dazu später mehr.

Zunächst einmal geht es hier um die Frage: Was ist mit Fächern und fachlichen Ausrichtungen, die nicht so zugespitzt sind, sondern sehr viel breiter aufgestellt? Mir begegnen immer wieder Menschen, deren erste spontane Reaktion bei der Frage nach ihrem Thema sich zwischen den beiden folgenden Extremen bewegt: »Ich habe gar keine bestimmte Position« und »Ich habe wahnsinnig viele Meinungen und es gibt viele Themen, die mich interessieren«. Das ist auch verständlich. Denn bei den meisten Themen gibt es schließlich tatsächlich viele gute Argumente, die entweder für oder gegen eine Sache sprechen. Und noch schlimmer: Je intensiver man sich mit einem Thema beschäftigt, desto differenzierter wird die Sicht auf die Dinge, und desto schwieriger ist es, das Ganze wieder auf eine einzige Position runterzubrechen. Sich für oder gegen eine Seite zu entscheiden ist also nicht immer einfach. Bin ich für oder gegen gentechnische Bearbeitung von Saatgut? Bin ich für oder gegen den Einsatz von Künstlicher Intelligenz? Kann Atomstrom ein sinnvoller Bestandteil einer Strategie zur CO_2-Reduzierung sein? Schafft die Digitalisierung Arbeitsplätze, oder bringt sie uns Massenarbeitslosigkeit? Ist die Einführung eines bedingungslosen Grundeinkommens sinnvoll? Bin ich für oder gegen die Abschaffung des Reinheitsgebots beim Bierbrauen? Diese Liste lässt sich unendlich fortsetzen, und in jedem Bereich wird es Fragestellungen geben, die sich nicht eindeutig beantworten lassen und zu denen es schwer ist, eine eindeutige Position zu beziehen. Angesicht dieser schwindelerregenden Vielzahl an Entscheidungsmöglichkeiten lautet mein Mantra: »Nicht überfordern.« Ein Rat, den ich zu Beginn meiner politischen Vergangenheit gut hätte gebrauchen können.

Die Kunst der eigenen Positionierung

Denn mir ging es ehrlich gesagt am Anfang auch nicht anders. Mir fielen stets gute Gründe dafür ein, für *und* gegen eine Sache zu sein. Was mir geholfen hat, um zu erkennen, wie wichtig es ist, sich eindeutig positionieren zu können, waren Podiumsdiskussionen. Damit möchte ich auf keinen Fall allen Leser*innen empfehlen, nun ebenfalls an Podiumsdiskussionen teilzunehmen. Aber was für mich Podiumsdiskussionen waren, sind für andere vielleicht Diskussionen im Freundeskreis oder Debatten in den Social Media. Für mich selbst waren diese Veranstaltungen jedoch die entscheidende Erfahrung, denn durch sie war ich sehr früh dazu gezwungen, mich vor ein Publikum zu setzen und zu diskutieren. Insbesondere durch den parteipolitischen Kontext musste ich dabei auch Positionen vertreten, die nicht meinen persönlichen Ansichten entsprachen, sondern die Parteipositionen waren. Dieser gelegentliche Widerspruch half mir dabei, genau zu überprüfen, ob etwas wirklich meine Position war oder »nur« die Position der Partei. In den ersten Wochen meiner Mitgliedschaft bei den Jungen Liberalen konnte ich genau das von der Pike auf lernen. Wir trafen uns damals regelmäßig in einem kleinen Konferenzraum und haben diskutiert. Über alles. Man kann sich diese Treffen als eine Art Debattierclub vorstellen, bei dem das eigene Diskussionsvermögen und die eigene Positionierung erprobt und geschärft wird. Mal ging es um das große Ganze und mal ums Kleinklein: Soll es in der Kaiserstraße einen neuen Bordstein geben: Ja oder Nein? Sollte es mehr Anreize fürs U-Bahn-Fahren geben: Ja oder Nein? Am Ende gab es dann immer Abstimmungen, und wenn es knapp war, musste man seine eigene Position weiter begründen und verteidigen. So weit, so gut. Die nächste Hürde bestand darin, diese ganze Übung vor Publikum zu wiederholen. Was ich damals nicht gedacht hätte: Es macht einen riesigen Unterschied, ob es unbeteiligte Zuhörer und Zuschauer gibt oder nicht. Ich kann seither alle verstehen, die nicht gerne öffentlich sprechen. Es verlangte mir damals viel Selbstüberwindung ab, meine Argumente vor allen darzulegen, und es dauerte Jahre, bis ich mich wirklich an diese Situationen gewöhnt habe. Öffentlich zu sprechen – vor allem über mich selbst und meine eigene Position – war umso schwieriger, weil es sich dabei um etwas handelte, auf das mich niemand vorbereitet hatte. Mir fehlte jeder Maßstab, um mein Tun einzuschätzen. Während meiner gesamten Schulzeit war ich nie in einer vergleichbaren Situation, in der ich gelernt hätte, meine Argumente vorzutragen und zu verteidigen. Noch viel schwieriger ist es, in dieser Situation mit Kritik umzugehen. Denn wer eine Position bezieht, macht sich angreifbar. Man muss damit zurechtkommen, dass Leute nicht mögen, was man sagt. Auch demonstrativ schweigende und kopfschüttelnde Menschen muss man aushalten können. Was mich jahrelang fertigmachte, waren Leute, die den Saal verließen, während ich sprach. Oder noch schlimmer: Leute, die dabei einschliefen! Noch heute bemerke ich immer sofort diese eine Person im Publikum, der die Augen zufallen.

Lange Zeit habe ich all diese Verhaltensweisen automatisch auf mich bezogen. Ich war überzeugt davon, dass die Menschen einschliefen, weil sie mich langweilig fanden – und kam gar nicht erst auf die Idee, dass ihre Schlafattacken vielleicht auch mit ihrem Arbeitspensum zusammenhängen könnten.

! Engagiere dich in Organisationen wie Parteien, NGOs oder Debattierclubs. Dort lernt man in einem geschützten Raum zu argumentieren.

Bei meinen Auftritten wurde mir eines schnell klar: Es wird immer jemanden geben, der oder die sich sehr viel länger und sehr viel intensiver Gedanken zu bestimmten Fragestellungen gemacht hat als ich. Heute weiß ich, dass es auch gar nicht immer darum geht, zwingend ein bestimmtes Fachthema zu besetzen, um sich klar zu positionieren. Manchmal genügt es schon, eine Ebene darüber zu gehen und »Meta-Themen« zu besetzen. Ein Beispiel: Du bist Geschichtslehrer*in und möchtest sichtbarer werden. Das bedeutet nicht, dass du in deiner Positionierung nur Themen rund um Geschichte besetzen musst. Du kannst auch eine Ebene darüber gehen. Das wäre in diesem Fall: Bildung. Wie ist unser Bildungssystem in Deutschland? Was braucht es, damit Lehrer*innen einen guten Job machen können? Wie steht es um das Thema digitale Bildung? Als ich mich selbst zum ersten Mal intensiv mit der Frage nach meiner eigenen Positionierung auseinandergesetzt habe, konnte ich beim besten Willen nicht das eine Fachthema finden, das mich und mich ganz allein auszeichnete. Die Fächer, die ich – zugegebenermaßen eher erfolglos – studierte, eigneten sich definitiv nicht, um meine Agenda zu bestimmen. Extrem tief in eine Materie einzusteigen reizte mich ebenfalls nie besonders. Meine Stärke war immer schon, eine Generalistin zu sein. Ich konnte mich schon immer schnell in einzelne Inhalte und Themen einarbeiten. Zudem fiel es mir immer leicht, andere von etwas zu begeistern und sie mitzunehmen. Wie sich herausstellte, eigneten sich diese Stärken sehr gut fürs Netzwerken. Zugegebenermaßen handelt es sich dabei nicht um ein hochspezifisches Fachthema à la »Goethes verlorene juristische Dissertation und ihre Rekonstruktion«. Aber es war eben das Thema, mit dem ich mich voll und ganz identifizieren konnte. Viele übersehen auf der Suche nach einem handfesten Themengebiet, dass sich solche »weicheren« Themen ebenfalls bestens für eine Positionierung eignen. Sie sind in der heutigen Arbeitswelt ohnehin fast wichtiger als ein spezifisches Fachwissen. Denn die Halbwertszeit von Wissen nimmt durch die immer kürzer werdenden Innovationszyklen und die technologische Entwicklung stetig ab. Insofern gibt es keinen Grund zur Panik, wenn du mit deinen Interessen und Neigungen keine Nische besetzen kannst. Nischen haben davon abgesehen ihre ganz eigenen Tücken. So ist beispielsweise ein fachliches Nischenthema nicht automatisch ein Garant für eine gute, nachhaltige Positionierung. Eine Nische kann im schlimmsten Fall sogar zu einer Sackgasse werden. Wer also keine Nische für sich finden kann, sollte darüber nicht verzweifeln, sondern sich vor Augen halten, dass sich die eigene Positionierung im Lauf der Jahre durchaus ändern kann. Darum ist es viel wichtiger, offen und flexibel zu bleiben. Wer krampfhaft an seinem Thema festhält, läuft darüber hinaus Gefahr, steile Thesen zu vertreten, ohne sie glaubwürdig belegen zu können.

! Du musst nicht das Rad neu erfinden und neue, nie gehörte Thesen aufstellen. Entscheidend bei deiner Positionierung ist, *wie* du etwas sagst.

Wenn du auf der Suche nach einer Positionierung bist, um die Agenda deines Lebens zu bestimmen, kannst du dich an den folgenden drei Schritten orientieren:

Erster Schritt: Definiere deine persönlichen Ziele. Frage dich, wo du in fünf oder zehn Jahren stehen willst. Wofür sollen andere dich in Erinnerung behalten? Was soll das Erste sein, was Menschen in den Sinn kommt, wenn sie an dich denken?

Zweiter Schritt: Bestimme dein Alleinstellungsmerkmal. Was unterscheidet dich von anderen? Frage dich, was deine natürlichen Begabungen sind. Hast du Kenntnisse und Fähigkeiten, die dich von anderen unterscheiden? Wofür interessierst du dich leidenschaftlich?

Dritter Schritt: Kommuniziere dein Thema und setze deine Agenda. Frage dich an jedem Tag, was du tun kannst, um dein Thema voranzubringen.

Das Thema steht – dann geht's richtig los

Mit der Festlegung auf eine bestimmte Position geht die Arbeit natürlich erst richtig los. Denn dann geht es darum, das eigene Thema hinaus in die Welt zu tragen. Als ich mich dafür entschieden habe, auf das Thema Netzwerken zu setzen, habe ich begonnen, mich intensiv mit den Inhalten zu beschäftigen. Ich wollte wissen, welche Formate und Zugänge es bislang in diesem Bereich gab. Was funktionierte und was nicht mehr? Welche Formate gibt es überhaupt, und welche sagen mir besonders zu? Im Rahmen dieser Auseinandersetzung wurde mir sehr schnell klar, dass ich ein eigenes Netzwerk gründen wollte. Was mich besonders antrieb: Das ideale Networking-Format, das ich mir selbst gewünscht hätte, gab es zu diesem Zeitpunkt in der Form schlicht und ergreifend noch nicht.

Die Möglichkeiten, das eigene Thema zu besetzen, sind unendlich. Ich rate hier in jedem Fall dazu, viel auszuprobieren und zu experimentieren. Personal Branding ist etwas, das nicht vollständig am Reißbrett entstehen kann. Es gehört dazu, auch mal auf die Nase zu fallen. Das Entscheidende ist, sich Offenheit zu bewahren und weiterzumachen. Gerade am Anfang, wenn es um die grundlegende eigene Positionierung geht, sind Entscheidungskraft, Mut und Durchhaltevermögen die entscheidenden Zutaten, die sich langfristig auszahlen. Insbesondere der allererste Schritt erfordert viel Entscheidungskraft. Schließlich geht es darum, sich auf ein Thema festzulegen und dafür einzustehen. Das erfordert Mut, denn um dieses Thema dauerhaft und nachhaltig zu vertreten, musst du bei deiner einmal eingeschlagenen Linie bleiben. Das kann durchaus eine Herausforderung sein. Denn du musst eine These nicht nur einmal äußern können. Vielmehr musst du sie immer und immer wieder vertreten, argumentieren, sie gegebenenfalls verteidigen und auch dann dabei bleiben, wenn es mal Gegenwind gibt.

Welche Herausforderungen damit verbunden sind, zeigt sich ganz besonders deutlich, wenn Menschen Provokation als Mittel einsetzen, um sich vom Grundrauschen abzuheben. Dabei handelt es sich aus meiner Perspektive auf jeden Fall um eine Gratwanderung. Es ist durchaus möglich, steile Thesen zu vertreten, die im Idealfall dich und andere Menschen berühren. Als ich mich beispielsweise vor einiger Zeit kritisch zur Generation Y äußerte, habe ich viele Reaktionen und auch viel Widerspruch erhalten. Meine Positionen und die Vorurteile, die ich vertrat, wurden herausgefordert. Ich war und bin immer noch der Überzeugung, dass bei allem Verständnis für den Wunsch nach mehr Work-Life-Balance trotzdem am Ende des Tages irgendjemand die Arbeit machen muss. In den vielen Kommentaren, die mich erreichten, versuchten mir Vertreter*innen dieser Generation ihre Sicht der Dinge klarzumachen. In der Tat wurde mir der Wunsch nach mehr Freiheit und Selbstbestimmung dann besser verständlich, als ich die Sozialisierung mit Helikoptereltern und das verschulte System an den Universitäten mit in den Blick genommen hatte. Diese Erkenntnis ändert zwar nichts an meiner grundlegenden Position, bestärkt mich aber in meiner Haltung gegenüber der Offenheit für die Gegenseite. Es ist ein bisschen so wie bei Talkshows, in der Politiker*innen sich scheinbar gegenseitig an den Kragen gehen wollen. Sind die Kameras aus, gehen sie aber zusammen ein Bier trinken und unterhalten sich ganz freundlich miteinander. Der Schlagabtausch und das gegenseitige Messen von Argumenten gehören einfach dazu – funktionieren aber nur, wenn man selbst eine Position hat.

> » Personal Brands zeichnen sich durch Emotionalisierung aus. Sie machen was mit einem. Ganz gleich, ob sie Widerspruch oder Zustimmung auslösen.

So bestimmst du deinen Markenkern

Es gibt verschiedene Hilfsmittel, die dich dabei unterstützen können, deinen Markenkern zu bestimmen. Zwei davon möchte ich hier kurz vorstellen. Die erste Methode besteht darin, dass du einen Abgleich zwischen Selbst- und Fremdwahrnehmung vornimmst. Stell dir dazu zwei Kreise vor, die eine Schnittmenge miteinander haben. Der Inhalt des einen Kreises repräsentiert deine Selbstwahrnehmung, und der Inhalt des anderen Kreises beinhaltet alle Eigenschaften, die dir andere zuschreiben. Die Schnittmenge, also alle Aspekte, die sowohl in deiner Eigenwahrnehmung als auch in der Außenwahrnehmung vorhanden sind, macht deinen Markenkern aus.

Wie wichtig die Außenperspektive ist, betont auch Bozoma Saint John – eine der, wenn nicht *die* beste Markenexpertin unserer Zeit, die beispielsweise hinter dem Erfolg von Apple Music steht, anschließend als CBO zu Uber wechselte und nun CMO bei William Morris Endeavor ist. Zum einen rät sie dazu, sich eine vertraute Person aus dem engsten Umfeld zu suchen, die in schwierigen Situationen stets für dich da ist: »There's no better cheerleader than your best girlfriend. And if you have no one who encourages you – find a new one.« Zum anderen weist sie darauf hin, was eine Personal Brand im weiteren Umfeld bewirken kann, und warum es wichtig ist, selbst die Verantwortung dafür zu übernehmen, welche Aspekte der eigenen Persönlichkeit als einzigartig herausgestellt werden. Denn es sind genau diese Dinge, die weitererzählt werden.

»It's not so much about the experience or the resume or things that you've done. It's about how people talk about you.

What are the things that they think, when your name is said? It's otherwise known as reputation.« Wenn es um deinen Markenkern geht, sind also Erfahrungen, Erlebtes oder der Lebenslauf nicht unbedingt das Entscheidende. Was andere Menschen an dir wahrnehmen und was sich bei ihnen einprägt, ist das, was du ihnen zeigst. Ihre Perspektive hilft dir zu überprüfen, was du – bewusst oder unbewusst – von dir präsentiert hast.

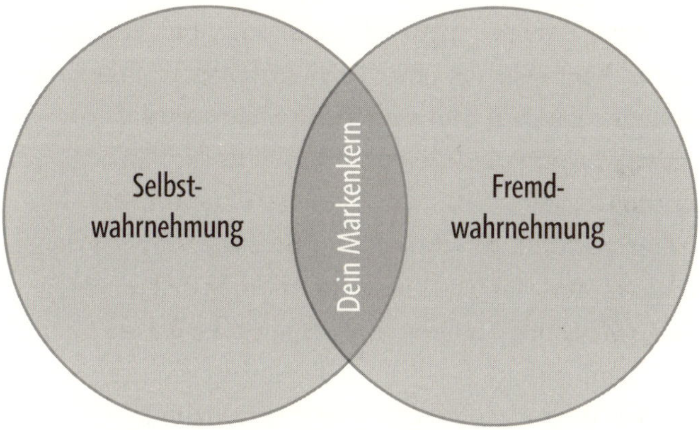

Die Theorie von Fremdwahrnehmung vs. Eigenwahrnehmung hilft dir dabei, deinen Markenkern zu identifizieren.

Alternativ dazu greife ich gern auf eine Fragetechnik zurück, um Alleinstellungsmerkmale zu finden: Versuche dir deine Stärken aus den folgenden drei Bereichen bewusst zu machen:

- Was sind deine natürlichen Begabungen?
- Welches fachliche Wissen oder welche Fähigkeiten zeichnen dich aus?
- Wofür interessierst du dich leidenschaftlich?

Alleinstellungsmerkmale kommen in der Regel aus einem der drei Bereiche, die diese Fragen abdecken. Auch Kombinationen sind natürlich denkbar. Wenn du dir nicht sicher bist, was genau deine Talente oder natürlichen Begabungen sind, frag deine besten Freunde und deine Familie. Die Eigenschaften, die sie als Erstes oder am öftesten nennen, zeichnen dich aus. Auch dein fachliches Wissen oder deine Fähigkeiten, die du dir im Rahmen deiner Ausbildung, deines Studiums oder deiner beruflichen Karriere angeeignet hast, können dein Alleinstellungsmerkmal sein. Zu guter Letzt kannst du dich fragen, wofür du dich wirklich leidenschaftlich interessierst. Das kann im Prinzip alles sein, von der aktuellen Umweltpolitik bis hin zu Künstlicher Intelligenz.

Eigenschaften aus diesen drei Bereichen eignen sich hervorragend, um deinen Markenkern zu bilden. Trotzdem ist es mir wichtig zu betonen, dass es sich bei diesen Methoden um Hilfsmittel und nicht um Allheilmittel handelt. Wohin es führt, wenn du dich zu sehr von dem abhängig machst, was Außenstehende in dir sehen, habe ich im ersten Kapitel bereits geschildert. Am Ende entscheidest du, mit welchem Thema du dich positionieren willst. Trotzdem kann der Abgleich mit anderen Menschen, denen du vertraust, wichtig sein. Mentorinnen oder Sparringspartner können helfen, dich selbst kritisch zu sehen und dich vor Fehlern zu bewahren. Nur weil ich mich leidenschaftlich für Aquarellmalerei interessiere, heißt das nicht automatisch, dass ich darin tatsächlich talentiert bin. Darum steht die Frage nach deinen Begabungen an erster Stelle – in der Regel sind sie es, die eine gute Grundlage für die berufliche Karriere bilden.

Wie du deine Agenda setzt

Nachdem du dein Thema bestimmt hast, stellt sich die Frage, wie du dieses Thema am besten nach außen trägst. Wie schaffst du es, mit deinen Inhalten zu deinem Zielpublikum durchzudringen? Die Inhalte selbst sind dabei nicht so entscheidend. Denn es gibt kaum ein Wissen, über das nur eine einzige Person verfügt oder das nur von einer einzigen Person verkörpert werden kann. Anders gesagt: Die Inhalte, um die es dir geht, können theoretisch von hundert anderen Menschen täglich hundertmal hinausposaunt werden. Der Gedanke, dass auch andere dein Thema besetzen, kann sogar etwas Befreiendes haben. Denn das Gute ist, dass du dich zunächst gar nicht gegen alle anderen Expert*innen durchsetzen musst. Deine Aufgabe lautet vielmehr: Wie bringst du deine Kontakte und dein Netzwerk dazu, dir zuzuhören?

> » Beim Personal Branding geht es um Tonalität und Resonanz: Wie gelingt es dir, mit deinem Thema zu deinem Zielpublikum durchzudringen?

Zum Unterschied von Provokation und Prägnanz

Provokation sollte meiner Einschätzung nach niemals zum reinen Selbstzweck genutzt werden, aber sie kann in einzelnen Fällen als Stilmittel dienen. Provokation *kann* eine Art Türöffner sein. Wer dabei übertreibt, muss mit den Reaktionen leben können und den Gegenwind aushalten. Insofern ist es eine Typ-Frage: Wer eigentlich eher für die leisen Töne bekannt ist und mit viel Kontra und Kritik schlecht umgehen kann, dem sei dringend davon abgeraten, seine These möglichst provokant in die Welt zu schreien.

Es gibt auch Fälle, in denen Provokation eine Notwendigkeit ist. Denn eine Kommunikationsstrategie kann sich ändern, wenn du beispielsweise bereits über einen langen Zeitraum in den sozialen Netzwerken aktiv bist. Angenommen du verfügst bereits über eine große Followerzahl und postest täglich mehrfach etwas – dann wirst du dir umso schwerer tun, einer einzelnen Aktion eine größere Bedeutung beizumessen. In Fällen wie diesen kann Provokation ein Stilmittel sein, um die täglich wachsende Masse an Meldungen zu durchdringen.

> Frage dich, was hinter einer Provokation steht und ob sie wirklich nötig ist. Mit Prägnanz erreichst du manchmal mehr als mit Provokation: Wer einen Standpunkt hat, sollte diesen klar kommunizieren.

Man sollte sich allerdings sehr genau bewusst machen, warum man in bestimmten Fällen auf Provokation setzen will. Insbesondere weil Provokation sich abnutzt, sollte dieses Mittel mit Bedacht eingesetzt werden.

Wiederholung als Mittel, um dir Gehör zu verschaffen

Wer anderen im Gedächtnis bleiben will, muss seine Botschaft viele Male wiederholen. Im Bereich der Politik hat sich eine Faustregel eingebürgert: Damit Wähler*innen eine*n Politiker*in mit einem bestimmten Thema in Verbindung bringen, müssen sie mit deren Kernaussage mindestens elfmal konfrontiert werden. Das ist der Grund, warum Politiker*innen im Wahlkampfmodus die immer gleichen Aussagen gebetsmühlenartig wiederholen. Beim Personal Branding ist es ganz ähnlich. Wiederholung ist ein Mittel, um anderen mit deinem Thema im Gedächtnis zu bleiben. Aber wie die Provokation bringt auch die Wiederholung ihre Schattenseiten mit sich. Denn sie führt dazu, dass man sich manchmal selbst nicht mehr zuhören kann. Da ich meine Themen immer wieder zum Besten gebe, kenne ich sie ab einem bestimmten Punkt in- und auswendig. Natürlich versuche ich, meine Antworten und Aussagen zu variieren. Und wenn ich neue, spannende Aspekte aufnehme, improvisiere ich auch. Ein gewisses Maß an Fantasie ist allein schon deswegen zwingend notwendig, damit deine Botschaft glaubwürdig und nicht abgedroschen klingt. Aber dennoch: Wenn du deine Message jeden Tag viele Male wiederholst, kommst du schon mal auf den Gedanken, dass du damit anderen auf die Nerven gehen könntest. Als ich vor einiger Zeit wieder einmal an diesem Punkt angekommen war, fragte ich meinen Mann Marco: »Sag mal, geht es dir nicht auch langsam mal auf den Keks, dass ich immer und immer wieder über die gleichen Themen spreche?« Seine Antwort blieb mir nachhaltig im Gedächtnis: »Kuck dir mal Alice Schwarzer oder den Dalai Lama an: Die touren doch seit Jahren zum selben Thema, und das stört auch niemanden.«

Für Momente, in denen ich mich selbst nicht mehr hören kann, habe ich drei Tipps entwickelt.

! Wer das Gefühl hat, dass die Leute nicht mehr hören können, was man ihnen zu sagen hat, sollte man nicht sein Thema überdenken, sondern sein Publikum – vielleicht ist es an der Zeit, die eigene Reichweite zu erhöhen.

! Manchmal kann es ganz erfrischend sein, sich Themen und Aspekten zu widmen, die an das eigene Thema angrenzen.

! Wiederholung und Variation – dieses Prinzip erzeugt nicht nur eine enorme Vielfalt, sondern sorgt dafür, dass alle Aspekte eines Themas abgedeckt werden.

Zwei wichtige Lektionen auf dem Weg zu deiner Agenda

Zum Schluss dieses Kapitels möchte ich noch auf zwei wichtige Lektionen eingehen, von denen ich wünschte, sie schon viel früher gelernt zu haben. Wer nicht weiß, wohin die Reise führen soll, sagt zu allem Ja. Dieses Verhalten führt aber in die Beliebigkeit. Darum besteht eine der wichtigsten Übungen darin, Nein zu sagen. Heute besteht mein Job zum großen Teil darin, Nein zu sagen. Etwa 80 Prozent aller Anfragen für Vorträge, Moderationen, Textbeiträge oder Interviews lehne ich ab. Nicht weil die Veranstaltungen oder Publikationsmöglichkeiten an sich uninteressant wären, sondern weil sie nicht zu meinem Markenkern passen oder dieser dadurch zu stark verwässert wird. Nein zu sagen fiel mir nicht immer leicht und hinterließ mich manchmal mit einem seltsamen Gefühl. Also machte ich die Probe aufs Exempel und nahm doch mal eine Anfrage an, die nicht wirklich zu mir passte. Es stellte sich heraus: Auch das führt nicht gerade zu einem guten Gefühl. Denn wenn du etwas machst, das nicht wirklich zu dir passt, kannst du dabei nicht echt wirken. Im schlimmsten Fall musst du in diesen Situationen schauspielern. Da an mir definitiv keine Schauspielerin verloren gegangen ist, führt das im besten Fall zu einer mittelmäßigen Performance. Aufmerksamkeit und Dabeisein um jeden Preis ist nicht alles. Vor allem dann nicht, wenn es um den Aufbau und die Pflege einer Marke geht. Manchmal bringt es mehr, Nein zu sagen. Loyalität zu sich selbst ist wichtiger, als jemandem einen Gefallen zu tun, den man letztlich nicht einlösen kann. Nein sagen zu können führt dazu, dass deine

Marke greifbar wird, und hilft dir zugleich, die Bodenhaftung zu behalten.

Eine bittere Erkenntnis zum Schluss: Es gibt keine gute Fee

Was aber tun, wenn man noch nicht in der komfortablen Situation ist, überhaupt Anfragen zu bekommen, die man absagen könnte? Wenn du zwar voller Motivation und Ideen bist, aber nicht weißt, wie du sie präsentieren oder umsetzen kannst? Auch wenn es aus heutiger Sicht schwer vorstellbar ist, aber auch ich kam nicht mit dem Mikro in der Hand auf die Welt. Erst als ich mich vor einigen Jahren mit dem Gedanken an den Schritt in die Selbständigkeit beschäftigt habe, fand ich mich in der Situation wieder, in der ich mir Fragen wie diese stellte. Eine der wichtigsten Erkenntnisse, die mich in meiner eigenen Karriere extrem vorangebracht hat, lautet: Es gibt keine Fee, die alles für dich macht. Und du wirst auch von niemandem entdeckt werden. Auch wenn die Vorstellung sehr schön ist, so müssen gerade Frauen im Berufsleben immer wieder feststellen, dass niemand auf sie zukommt und sie anspricht, ob sie nicht bei diesem oder jenem Projekt mitmachen wollen, weil sie sich fachlich dafür eignen. Gerade auch innerhalb von Unternehmen gilt: Wenn du aufsteigen willst, musst du dich selbst für bestimmte Projekte oder Positionen vorschlagen und dich immer wieder ins Spiel bringen. Die Social Media sind in dieser Hinsicht ein absolutes Geschenk. Jede*r kann sich heute sichtbar machen und sich eine Stimme verschaffen. Aus demselben

Grund stellen die Social Media aber auch eine Herausforderung dar. Denn du musst diese Chance nutzen. Am besten jeden Tag. Das geht nur, indem du selbst aktiv wirst und dich immer wieder ins Gespräch bringst. Schließlich kannst du selbst am besten beschreiben, wofür du stehst. Dazu gehört eine Portion Mut, denn du musst deine Komfortzone verlassen. Aber ich bin davon überzeugt, dass sich dieser Schritt auszahlt. Auch für einen meiner ersten Auftritte bei einer Paneldiskussion habe ich mich einfach selbst vorgeschlagen. Eigentlich war meine Aufgabe in dieser Zeit noch die Organisation eines Events. Damals habe ich als Pressesprecherin für einen Verband gearbeitet. In dieser Funktion bekam ich regelmäßig Anfragen für Panels und andere Formate auf den Tisch. Ich dachte mir jedes Mal, dass das Suchprofil doch perfekt zu mir passt, und fragte mich, warum niemand einfach auf die Idee kam, mich zu fragen!? Zu diesem Zeitpunkt habe ich schließlich mehr als fünf Jahre in der Kommunikationsbranche gearbeitet. Also nahm ich allen Mut zusammen und beschloss, meinen Hut das nächste Mal in den Ring zu werfen. Und dann kam der Tag, an dem wieder nach einer guten Kommunikationssprecherin gesucht wurde. Im Gespräch über mögliche Teilnehmer*innen für das kommende Panel fragte mich einer der Veranstalter, ob ich nicht Ideen hätte, wer dafür infrage käme. Es sollte um das Thema B2B-Kommunikation in den Social Media gehen, also sagte ich einfach, dass ich mich doch dafür eignen würde. Ein wenig überrascht und leicht peinlich berührt, dass er nicht selbst auf den Gedanken gekommen war, sagte mein Gegenüber: »Ja, stimmt. So machen wir's!« Die Reaktion zeigte mir, dass es keine böse Absicht war, dass ich bislang nicht in Erwägung gezogen wurde.

Meine Kolleg*innen haben mich einfach noch in meiner Funktion als Pressesprecherin gesehen, und ich bin vor ihnen auch nie als Speakerin in Erscheinung getreten. Bis zu diesem Zeitpunkt hatte ich auch keinen Anlass gespürt, mich selbst um meinen Markenkern zu kümmern. Solange ich in der Politik beziehungsweise für eine Partei gearbeitet habe, war meine Funktion immer klar, weil hier die Rollen sehr viel klarer verteilt werden. Als ich in die Wirtschaft gewechselt bin, war das erst einmal alles weg. Ich war gefordert, mich neu zu finden und neu zu justieren. Und während es in der Politik darum ging, mehrere Themen zu besetzen, war ich nun mit den entscheidenden Fragen konfrontiert: Welches Thema macht eigentlich mich, die echte Tijen, aus, und wie kann ich damit anderen im Gedächtnis bleiben? Aus Personal-Branding-Perspektive lautet die Antwort: Einfach konstant bei der Sache bleiben. Irgendwann wissen alle, dass du für das Thema X stehst – und solange das nicht der Fall ist, musst du dich selbst aktiv ins Spiel bringen.

Challenge: Bestimme deinen Markenkern

Zeichne auf ein Blatt Papier zwei Kreise, die sich in der Mitte überlappen. In den linken Kreis schreibst du alle Begriffe und Themen, mit denen du dich selbst identifizierst (Selbstwahrnehmung). Für den zweiten Kreis bitte zwei bis drei Freund*innen oder Bekannten, Begriffe und Themen zu nennen, für die du ihrer Meinung nach stehst (Fremdwahrnehmung). Gibt es zwischen den von ihnen genannten Begriffen und deinen eigenen Übereinstimmungen? Herzlichen Glückwunsch! Das ist dein Markenkern!

IN ALLER KÜRZE:

Die wichtigste Lektion beim Personal Branding lautet: Du musst wissen, was du willst und wofür du stehst. Beides geht Hand in Hand. Dabei muss es nicht immer ein Fachthema sein, für das du dich einsetzt – auch Meta-Themen eignen sich sehr gut. Das Entscheidende ist dein persönlicher, unverwechselbarer Blick auf die Dinge.

Um deine Agenda im Leben zu setzen, kann es wichtig sein, sich gerade am Anfang nicht zu überfordern. Such dir ein Thema, für das du wiedererkannt werden willst. Und keine Sorge: Du nervst die Leute nicht, wenn du für deine Sache einstehst – auch der Dalai Lama und Alice Schwarzer touren seit Jahren mit immer demselben Thema. Finde deine persönliche Stimme, denn schließlich geht es hier um Personal Branding. Deine Geschichte zählt, wenn du sie erzählst.

Provokation und Wiederholung können gute Mittel sein, um dir Gehör zu verschaffen. Provokation solltest du aber mit Bedacht einsetzen – frag dich vorher stets, ob du es aushalten kannst, wenn du Gegenwind bekommst. Denn entscheidender als Provokation ist beim Personal Branding der Mut, die eigenen Positionen zu vertreten, immer dranzubleiben und sich proaktiv selbst ins Gespräch zu bringen. Deine Agenda solltest du auch dann weiter vorantreiben, wenn du deine Botschaft selbst schon nicht mehr hören kannst.

KAPITEL 3

WAS MACHT DICH EINZIGARTIG?

Mit Selbsttest

Meiner Erfahrung nach fällt vielen Menschen besonders eine Aufgabe schwer: zu bestimmen, was sie wirklich einzigartig macht. Ich finde das grundsätzlich verwunderlich. Denn angesichts der Tatsache, dass unsere Kultur im Grunde genommen das Einzigartige hoch schätzt, sollte eigentlich das Gegenteil der Fall sein. Es gibt zahlreiche Fernsehshows oder Magazine, die sich ausschließlich den einzigartigen Talenten und Begabungen von Menschen widmen. Warum tun wir uns also so schwer damit zu sagen, was uns einzigartig macht? Oder anders formuliert mit der Frage: Was ist dein USP – dein Unique Selling Point, also auf gut Deutsch: dein Alleinstellungsmerkmal?

Ich glaube fest daran, dass unser deutsches Schulsystem einen wesentlichen Beitrag dazu leistet, uns zu vermitteln, dass wir Teil einer Norm sind. Wir werden in Klassenverbänden mit Gleichaltrigen vereint und verglichen. Ob alle in ihrer Entwicklung und ihrem Wissen auf dem gleichen Stand sind, spielt dabei keine Rolle. Auch das Notensystem normt unsere

Leistungen und belohnt das Einzigartige nicht wirklich. Nicht zuletzt sind auch die Inhalte genormt, um eine überregionale und überindividuelle Vergleichbarkeit herzustellen.

Ein einzigartiges Talent zu fördern ist also nicht Teil des Bildungssystems. Ich gehöre dabei nicht zu der Fraktion, die all die genannten Elemente – Klassen, Noten und Lehrpläne – des Schul- und Bildungssystems abschaffen möchte. Aber ich möchte darauf hinweisen, dass diese veraltet sind und in vielerlei Hinsicht nicht mehr zur Wirtschaft und zum Leben in einer Gesellschaft des 21. Jahrhunderts passen. All das Wissen und all die Fähigkeiten, die mich zu dem Punkt gebracht haben, an dem ich heute stehe, verdanke ich nicht dem Schulsystem. Vielmehr musste ich mir alles nach und nach selbst beibringen. Dabei ist dieses Wissen so grundlegend. Trotzdem kommt es im Schulunterricht schlicht und ergreifend nicht vor. Ich habe dort nichts von dem gelernt, was ich heute als Unternehmerin brauche. Die Fähigkeit klar und auf den Punkt zu argumentieren, einen guten Vortrag zu halten oder die eigene Idee so zu präsentieren, dass sie jede*r versteht: All das habe ich nicht in der Schule gelernt. Dabei sind das genau die Fähigkeiten, die es braucht, um eine gute und starke Personenmarke aufzubauen.

Bestimmen und formulieren zu können, was dich einzigartig macht, ist ein Teilaspekt des Daseins als Unternehmer*in. Was macht dein Geschäftsmodell einzigartig? Was unterscheidet dein Produkt von den Produkten anderer Unternehmen? Warum sollten deine Kunden ausgerechnet dir vertrauen und nicht deinen Konkurrenten? Was bietest du deinen Mitarbeiter*innen, was andere Arbeitgeber ihnen nicht bieten können?

Viele Fragen, die mich als Unternehmerin beschäftigen, führen zurück zu der Frage: Was macht mich einzigartig?

Storytelling und Einzigartigkeit

Kommen wir noch einmal zurück zum Schulsystem. Eine der Fähigkeiten, die notwendigerweise vermittelt werden müssten, um besser mit der eigenen Einzigartigkeit umzugehen, ist Storytelling. Zunächst mit dem Fokus auf Story*telling*. Ganz konkret meine ich die Fähigkeit, frei sprechen zu können. Ich habe beispielsweise meine gesamte Schulzeit mit einem einzigen Referat bestreiten können. Und das habe ich Wort für Wort von einem Zettel abgelesen. Dafür habe ich sogar eine recht gute Schulnote bekommen. Also alles richtig gemacht! Leider hat mir diese Glanzleistung in meinem Leben nach der Schule nichts gebracht. Im Gegenteil: Sie hat mich sogar benachteiligt.

Es gibt Menschen mit einem natürlichen Redetalent. Diese habe ich immer bewundert. Gut, seien wir ehrlich: Ich habe sie darum beneidet. Manchmal passiert es mir noch heute, dass ich mich regelrecht dazu überwinden muss, eine Keynote zu halten. Kurz bevor ich auf die Bühne gehe, frage ich mich: Warum mache ich das hier überhaupt? Wenige Momente, nachdem ich die Bühne betreten und die ersten Sätze gesprochen habe, weiß ich zum Glück immer wieder, warum ich es mache. Es macht mir einfach unglaublichen Spaß. Nur gelernt habe ich die Freude am freien Sprechen erst nach und nach. Es dauerte Jahre, bis ich mich in meiner Rolle auf der Bühne oder am Mikrofon wohlgefühlt habe. Das Schlimme daran ist: Dieser mühsame

Lernprozess ist vollkommen überflüssig. Es müsste nur von der ersten Klasse an eine Selbstverständlichkeit sein, Geschichten zu erzählen. Die einfachsten Anlässe genügen schon. Beispielsweise könnte jedes Kind erzählen, wie die Ferien waren. Wie? Das wäre schon nach der zweiten Erzählung langweilig, weil Ferien schließlich Ferien sind? Ganz im Gegenteil: Da die Ferien glücklicherweise zu dem noch nicht genormten Teil des Schulsystems gehören, würde sehr schnell klar werden, wie einzigartig das persönliche Erleben ist. Denn selbst wenn Kinder an ein und demselben Ferienort gewesen sein sollten, lege ich meine Hand dafür ins Feuer, dass ihre Geschichten und ihre Perspektive darauf vollkommen unterschiedlich wären. Mit Übungen wie diesen könnte man den Grundstein dafür legen, dass sich Menschen von der Kindheit an ihrer eigenen Einzigartigkeit bewusst würden und gleichzeitig die Fähigkeit erlernen, diese auch in Worte zu fassen.

Darüber hinaus müsste dringend und ganz generell unterrichtet werden, wie Geschichten erzählt werden. Welche Techniken gibt es, um Persönliches zu erzählen? Wie unterscheidet sich eine persönliche Erzählung von einer Erzählung, die ein Sachthema zum Inhalt hat? Worauf muss man achten, um sein Gegenüber zu überzeugen? Wie kann man Aufmerksamkeit erwecken und aufrechterhalten? Stoff für ein eigenes Schulfach gäbe es mehr als genug. Da ich mir aber keine Illusion über dessen zeitnahe Einführung mache (und dies sich zudem erst in einer Generation positiv auswirken würde), stellt sich weiterhin die Frage: Was macht dich einzigartig?

> »Das Bildungssystem müsste angepasst und Erzähl- und Vortragstechniken unterrichtet werden – dann würde es vielen Menschen in vielen Situationen leichterfallen, sich selbst in ihrer Einzigartigkeit darzustellen.

Finde deinen USP

Eine Möglichkeit, um sich der Frage nach der eigenen Einzigartigkeit anzunähern, ist der Vergleich: Was unterscheidet dich von anderen? Diese Frage kann dabei helfen, deine Einzigartigkeit zu bestimmen. Aber ich sage es gleich vorab: Diese Vorgehensweise ist mit Vorsicht zu genießen. Ausnahmen bestätigen wie immer die Regel – wenn du Olympiasiegerin im Gewichtheben bist, ist es durchaus sinnvoll, deine einzigartige Bestleistung als deinen USP zu nennen. Aber wenn uns die bisherige Geschichte der Social Media eines gelehrt hat, dann, dass uns der Vergleich mit anderen sehr unglücklich machen kann. Inzwischen weisen erste Langzeitstudien sogar nach, dass eine unreflektierte und übermäßige Nutzung der Social Media Depressionen auslösen kann[1]. Davon sind vor allem junge Menschen betroffen. Auch aus Gründen wie diesen halte ich es für wichtig, digitale Tools wie die Social Media vor allem als

1 Jean M. Twenge et al.: »Age, period, and cohort trends in mood disorder indicators and suicide-related outcomes in a nationally representative dataset, 2005–2017.«, in: Journal of Abnormal Psychology 2019, Volume 128, Issue 3, S. 185–199.

Hilfsmittel zu begreifen; beispielsweise als ein Instrument, um Menschen im echten Leben zu treffen, die man vielleicht sonst niemals treffen würde. Wer sich ausschließlich auf den digitalen Plattformen bewegt, tappt möglicherweise in eine weitere Falle: Die Algorithmen von Facebook, Twitter und Co. sind so programmiert, dass dir im Regelfall Beiträge von Menschen gezeigt werden, die immer ein klein wenig mehr Freunde haben als du oder deren Beiträge immer ein wenig mehr Likes haben als deine eigenen. Dieser Effekt – also, dass das Leben der anderen immer ein klein bisschen besser als das eigene zu sein scheint – und seine Folgen wurden ebenfalls bereits von mehreren Studien beschrieben und wissenschaftlich untersucht.[2]

Wenn du dich also mit anderen vergleichst, versuche wertneutral an die Sache heranzugehen. Es geht nicht so sehr darum, Aspekte zu finden, die du notwendigerweise besser kannst als andere Menschen. Versuche vielmehr Unterschiede auszumachen, die ein besonderes Kennzeichen deiner Persönlichkeit sind. Worauf sprechen dich deine Freund*innen und Bekannte als Erstes an, wenn sie dich lange nicht mehr gesehen haben? Fragen sie dich nach deiner Meinung zu einem bestimmten Thema, weil deine Perspektive darauf eine ganz besondere ist? Als ich beispielsweise noch in der Politik tätig war, wollten meine Freund*innen immer wissen, ob ich spannende Geschichten

2 Vgl. Hui-Tzu Grace Chou et al. (2012): »They Are Happier and Having Better Lives than I Am: The Impact of Using Facebook on Perceptions of Others' Lives.« In: Cyberpsychology, Behavior, and Social Networking. Volume 15, Issue 2, sowie: Helena Wenninger et al. (2018): »Understanding the Role of Social Networking Sites in the Subjective Well-being of Users: A Diary Study«, European Journal of Information Systems (EJIS).

aus dem »inneren Kreis« zu berichten hätte oder was ich von einer bestimmten Entwicklung gehalten habe. Menschen, die viel reisen, erleben wiederum sehr viel häufiger Abenteuer und haben eine ganz eigene, vielleicht distanziertere Betrachtungsweise, wenn es um Geschehnisse in der Heimat geht. Im Vergleich zu anderen unterscheiden sich diese Perspektiven, ohne dass die eine besser ist als die andere.

Es gibt einen weiteren Grund, warum du dein Alleinstellungsmerkmal nicht unbedingt auf einer Skala von besser oder schlechter verorten solltest. Meine Erfahrung ist: Es wird immer jemanden geben, die oder der besser in dem ist, was du machst. Das sollte für dich jedoch keine Bankrotterklärung sein. Deine Perspektive auf dein Thema beziehungsweise deine Positionierung kann trotzdem einzigartig sein. Jede*r hat eine andere Sozialisierung, andere Erfahrungen, die er oder sie mit einbringen kann, oder eine Spezialisierung, die sich von anderen unterscheidet. Gerade das macht es oft so spannend, wenn starke Personenmarken sich zu ihren Themen äußern.

» Einzigartigkeit ist kein Wettbewerb. Es gibt niemanden, der einzigartiger ist als du. Finde etwas, das dich von anderen unterscheidet, ohne dass es darum geht, besser zu sein.

Du musst nicht jedes Mal das Rad neu erfinden

Wenn mich mein BWL-Studium etwas gelehrt hat, dann das: Es gibt in jedem beliebigen wissenschaftlichen Gebiet immer einen Aspekt, der noch nicht von jemandem beleuchtet wurde. Wie unerschöpflich bestimmte Themen sind, zeigt sich eindrucksvoll an den vielen Regalmetern an Literatur, die es zu bestimmten Bereichen und Fragestellungen gibt. Dieses Phänomen ist aber nicht auf die Wissenschaft beschränkt, wo die kritische Auseinandersetzung mit Autoren, Denkschulen und Fachfragen die Publikationstätigkeit in Gang hält. Auch die Anzahl der Veröffentlichungen der letzten Jahre zum Thema Digitalisierung wirft die Frage auf: Was qualifiziert jedes einzelne Buch, wo es doch schon so viele andere zu dem Thema gibt? Sind die Bücher wirklich so unterschiedlich? Ist zwischen den Erscheinungsterminen so viel Neues passiert, dass sich das Gesamtbild dermaßen verändert hat? Oder hat es einen anderen Grund, warum so viele Bücher zu ein und demselben Thema erscheinen? Ein genauerer Blick zeigt, dass jedes Buch seine ganz eigene Färbung hat. Vielleicht ist einer*m Autor*in ein anderer Fokus wichtig, den die meisten anderen vernachlässigen. Jede*r Autor*in macht ein Buch zu einer einzigartigen Erfahrung. Gute Personal Brands zeichnen sich dadurch aus, dass sie Themen nicht neu erfinden, sondern anders und einzigartig besetzen.

> »Beim Personal Branding geht es nicht darum, jedes Mal ein Thema vollständig neu zu erfinden. Es geht darum, ein Thema auf deine ganz eigene Art zu besetzen.

Wie oben bereits erwähnt, bin ich davon überzeugt, dass Einzigartigkeit kein Wettbewerb ist. Dass dies keine Selbstverständlichkeit ist, zeigt auch das Vokabular, das sich in diesem Zusammenhang eingebürgert hat. Wenn du ein Thema »besetzt« hast, müsstest du es – um in diesem Bild zu bleiben – auch »verteidigen«. Du müsstest anderen sagen, warum ihre Haltung falsch ist und dein Standpunkt der richtige. Aus so einer Ausgangslage entwickelt sich nur in den seltensten Fällen ein produktiver und konstruktiver Dialog. Ich plädiere darum immer dafür, einen positiven Zugang zu den Themen anderer Menschen zu finden und nach Anknüpfungspunkten zu suchen – vor allem dann, wenn es um den Kern und die Einzigartigkeit anderer Menschen geht.

Ich selbst habe relativ früh gemerkt, worin ich richtig schlecht und worin ich richtig gut bin. Aus meiner Perspektive macht es keinen Sinn, andere Menschen um ihre Fähigkeiten, ihr Wissen oder ihre Gaben zu beneiden. Denn ich weiß stets sehr genau, welche dieser Talente für mich schlicht unerreichbar sind. Als Unternehmerin habe ich aus dieser Erkenntnis vielmehr die Aufgabe abgeleitet, mich mit Menschen zu umgeben, die all die Talente und Fähigkeiten haben, die ich selbst nicht habe. Darum kann ich mich auch für ihre Erfolge freuen oder Motivation für mein eigenes Tun daraus ziehen, ohne dass daraus Neid entsteht. Ich bin sogar davon überzeugt, dass zwei

Menschen, die eine ähnliche Sache gut machen, diese auf ihre ganz eigene Art und Weise gut machen.

> **!** Wem es gelingt, negative Vergleiche in eine konstruktive Vergleichbarkeit zu verwandeln, wird nicht mit Neid zu kämpfen haben, sondern erntet Motivation und schafft gegenseitige Anerkennung und Erfolg.

Ein Schlüssel, der zu deiner Einzigartigkeit führt, lautet also: Personalisierung. Gib den Inhalten, für die du stehst, oder den Themen, die du voranbringen willst, deine ganz persönliche Note. Warum interessierst du dich gerade für dieses Thema? Personalisierung bedeutet auch, dass du deinem Anliegen – selbst wenn es sich dabei um ein abstraktes Sachthema handelt – ein Gesicht und eine Stimme gibst. Man denke beispielsweise an so starke Personenmarken wie Mai Thi Nguyen-Kim oder Neil deGrasse Tyson, die ihren jeweils recht trockenen Fachgebieten Chemie und Astrophysik durch ihre persönliche Note etwas Besonderes verleihen. Diese persönliche Seite macht es so interessant, gerade ihnen dabei zuzuhören, wie sie bestimmte Zusammenhänge erklären. Ohne dass ich mich in diesen Bereichen auch nur annähernd auskenne, wage ich zu behaupten: Es gibt sehr wahrscheinlich Kolleg*innen, die fachlich mindestens ebenso informiert sind wie diese beiden Wissenschaftler*innen. Aber die Tatsache, dass diese beiden als Person so stark mit ihren Themen verknüpft sind, verschafft ihnen ein großes Maß an Sichtbarkeit.

Bleiben wir kurz beim Wissenschaftsbetrieb. Ich möchte mit diesen beiden genannten Beispielen nicht sagen, dass alle Wissenschaftler*innen anstreben sollten, YouTube- oder Fernsehstars zu werden. Die Personalisierung von Wissen funktioniert nämlich auch *innerhalb* der Wissenschaftswelt selbst. Nehmen wir beispielsweise an, es würde eine Fachtagung zu einer bestimmten Fragestellung veranstaltet: »Zwischen Politik und Wirtschaft: Die Rolle von Geld und Währungen im Rahmen von Nachhaltigkeit und Klimaschutz«. Eine Rednerin betritt die Bühne und beginnt ohne viel Umstände mit ihrem Vortrag. Sie erklärt, welche Zusammenhänge und Abhängigkeiten zwischen Wirtschaft und Politik zu bedenken sind, wenn es um die Sicherung des Gemeinwohls geht. Ihre Argumentation ist klar, detailliert und überzeugend. Allerdings erfährt man nicht, warum sie diese Fragestellung verfolgt.

Die nächste Rednerin, die zur Frage »Demokratisierung der Wirtschaft« spricht, stellt sich als politisch engagierte Person vor, die in zahlreichen Entwicklungsländern Initiativen zur Gründung von Regionalwährungen angestoßen hat. Mit so einer persönlichen Perspektive auf die Fragestellung sind ihr Forschungsinteresse und ihre Motivation von Beginn an klar. Zudem bleibt ihre Geschichte leicht im Gedächtnis. Die Wahrscheinlichkeit, dass ihre Publikationen im Nachgang wahrgenommen werden, sie wiedererkannt oder zu einer anderen Veranstaltung eingeladen wird, ist sehr viel höher als bei der ersten Rednerin.

> Die Personalisierung deines Themas hilft deinem Gegenüber dabei, sich an dich und dein Anliegen besser zu erinnern und deine Inhalte sowie deine individuelle Perspektive und Motivation besser zu verstehen.

Kleiner Spoiler: Die Personalisierung dient aber nicht nur der besseren Kommunikation und Vermittlung von Inhalten. Du bietest deinen Mitmenschen und Kolleg*innen im Arbeitsumfeld damit auch Anknüpfungspunkte. Dadurch wird die Zusammenarbeit innerhalb von Teams oder Organisationen verbessert. Bestimmte Anliegen oder Aufgaben finden schneller zu dem- oder derjenigen, die am besten dafür geeignet ist. Auf diese Zusammenhänge gehe ich aber noch intensiver in Kapitel 13 ein.

Selbsttest

Ich bin fest davon überzeugt: Jede*r hat irgendwas, das sie oder er besonders gut kann. Die konkrete Frage lautet nun: Wie schaffst du es, deine einzigartige Perspektive auf dein Thema klar herauszustellen? Um diese Frage zu beantworten, musst du dich intensiver mit deiner Geschichte und deiner Persönlichkeit auseinandersetzen. Genau genommen musst du dir eine ganze Menge an Fragen stellen: Wofür bist du bekannt? Wie würden dich andere beschreiben? Was sind deine Ziele? Warum verfolgst du sie? Welcher Aspekt interessiert dich besonders an deinem Thema? Welche Eigenschaft zeichnet dich besonders aus? Gibt es etwas an dir, das besonders »exotisch« ist? Was mir immer wieder auffällt: Wir sind sehr gut darin, in anderen zu sehen, was sie besonders und einzigartig macht. Viele halten sich selbst hingegen einfach für »normal« oder »durchschnittlich«. Darum ermutige ich beispielsweise die Teilnehmer*innen in meinen Workshops immer dazu, auch das eigene Netzwerk, Freund*innen, Partner*innen oder Kolleg*innen zu befragen, was sie in deren Augen einzigartig macht. Oft helfen solche Gespräche, sich selbst darüber klar zu werden, wohin die Reise eigentlich gehen soll. Sobald dir deine Ziele oder deine Richtung klar ist, wirst du sehen, dass auch die Kommunikation nach außen sehr viel einfacher wird.

! Je klarer du als Person bist, desto klarer kannst du kommunizieren. Stell dich also deiner eigenen Geschichte sowie deiner Persönlichkeit und entdecke deine einzigartige Perspektive und Zielsetzung.

Wenn es um deine Einzigartigkeit geht, gibt es drei Bereiche, über die es sich lohnt nachzudenken: deine natürlichen Begabungen, deine Fähigkeiten und deine Interessen. Unter deine natürlichen Begabungen fällt alles, was dir leichtfällt. In welchen Bereichen musst du dich nicht besonders anstrengen, um Erfolge zu haben oder dir etwas anzueignen? Wenn dir hier nicht sofort etwas einfällt, kannst du auch Freund*innen und Familienmitglieder fragen – vielleicht machen sie dir bewusst, dass du sehr gut strategisch denken kannst oder ein toller Zuhörer bist. Sammle alle Antworten und schreib sie auf.

Gehen wir weiter zum zweiten Bereich: deinen Fähigkeiten. Das sind all deine besonderen Errungenschaften, die du auch in deinen Lebenslauf schreiben würdest. Was hast du bereits alles gelernt – nicht nur in der Schule, sondern auch links und rechts von deinem bisherigen Lebensweg? Stell dir dazu vor, dass du eines Tages in einer Stadt in einem anderen Land aufwachst – vielleicht sogar auf einem anderen Kontinent. Du weißt, dass du Geld verdienen musst, um zu überleben. Welche Fähigkeiten, die du dir bisher angeeignet hast, kannst du am leichtesten dazu verwenden, um einen Job zu bekommen? Sammle auch hier deine Antworten, denn das sind deine Schlüsselfähigkeiten.

Kommen wir nicht zuletzt zu deinen Interessen. Stell dir vor, du besuchst eine*n Freund*in. Er oder sie hat eine eindrucksvolle Bibliothek. Ihr kommt ins Gespräch, und du wirst gefragt, welche Bücher dich ganz besonders interessieren. Welche Bücher würdest du aussuchen, oder über welche würdest du gerne mit deinem*r Freund*in sprechen? Sind Kriminalromane vielleicht dein Steckenpferd, oder interessierst du dich eher für Biografien von inspirierenden Menschen? Was ist das Erste, was dir bei diesem Gedankenexperiment einfällt? Voilà – das sind deine Interessen.

Mit diesen drei Selbsttests kannst du deine Einzigartigkeit hinsichtlich deiner natürlichen Begabungen, Fähigkeiten und Interessen bestimmen. Meine Empfehlung ist, sich für diesen Prozess Zeit zu nehmen. Nichts davon muss von heute auf morgen einfach da sein. Wichtig ist nur, dir überhaupt bewusst zu werden, was deine eigene, einzigartige Perspektive auf die Welt ist.

Challenge: Nimm dir eine Stunde Zeit

Mit den drei hier im Kapitel vorgestellten Selbsttests kannst du den Prozess starten, dir deiner Einzigartigkeit bewusst zu werden. Nimm dir darum eine Stunde lang Zeit und beschäftige dich mit all den Fragen, die hier genannt sind – beziehungsweise stell dich genau den Fragen, von denen du den Eindruck hast, dass sie zu dir passen. Wenn es um deine Einzigartigkeit geht, gibt es kein Richtig und kein Falsch. Das Wichtigste ist, dass du dich überhaupt mit der Frage nach deinem einzigartigen Blickwinkel auf dein Thema auseinandersetzt. Je klarer du diese Selbstbestimmung vornimmst, desto einfacher werden dir alle darauffolgenden Schritte fallen.

IN ALLER KÜRZE:

Was macht dich einzigartig? Diese Frage gehört zu den schwierigsten überhaupt, wenn es ums Personal Branding geht. Dieses Kapitel hat dir sowohl verraten, warum das so ist und was die Lösung dafür wäre, als auch ganz konkret, was du tun kannst, um deine einzigartige Perspektive zu finden. Du hast erfahren, warum es sich überhaupt lohnt, deinen einzigartigen Blickwinkel zu entdecken, und wie Personalisierung dabei hilft, deine Positionierung zu kommunizieren. Mit drei einfachen, praktischen Selbsttests kannst du den Prozess starten, dir deiner einzigartigen Persönlichkeit bewusst zu werden und damit den Grundstein für deine Personal Brand zu legen.

KAPITEL 4

WIR HABEN ALLE EINEN MARKENKERN

Das Konzept vom Social Me

Die Behauptung, dass wir alle einen Markenkern haben, stößt vielen Menschen unangenehm auf. Personal Branding bräuchte längst eine Markenexpertin, die sich um sein Image kümmert. Natürlich sind Begriffe wie Personal Branding und Social Branding längst so sehr etabliert, dass es kaum möglich ist, sie durch bessere zu ersetzen. Auch ich verwende sie in Ermangelung eines anderen, besseren Begriffes hier nach wie vor – wenngleich ich weiter unten gerne einen Vorschlag für eine Alternative machen möchte. Dennoch weiß ich, dass diese Bezeichnungen nicht ganz unumstritten sind. Die Tatsache, dass jene Begriffe zu Zwecken wie Networking Marketing (siehe Kapitel 1) missbraucht werden können, sollte nicht übersehen werden. Im Umfeld von Personal Branding konnten sich auch aus meiner Sicht fragwürdige Phänomene wie Social Selling etablieren. Social Selling ist im Grunde eine Vertriebsmethode, die etwas weniger aufdringlich vorgeht als die Kaltakquise – auch wenn das Prinzip vergleichbar ist. Sie bedient sich aber eben auch ähnlicher Methoden wie das Personal Branding. Beim Social Selling werden Social-Media-Kanäle genutzt, um mit potentiellen Kunden ins Gespräch zu kommen. Auch hier geht es darum, Teil eines Gesprächs zu werden, sei es durch direkte Ansprache oder im Rahmen einer Diskussion über ein bestimmtes Thema. Das Ziel beziehungsweise der Zweck der Unterhaltung ist allerdings letzten Endes der Verkauf eines Produkts oder einer Dienstleistung. Inhalt oder besser gesagt »Content« ist hier stets nur ein Element entlang der Customer Journey, die mit der Conversion – also dem Verkauf – endet. Als fragwürdig bezeichne ich diese Praxis deswegen, weil sie Gespräche und Diskussionen auf Plattformen wie LinkedIn, Twitter oder Xing verzerrt und verfälscht. Es genügt, sich die Unterhaltungen, die dort geführt werden, als tatsächliche Unterhaltung beispielsweise in einem Restaurant vorzustellen. Dort sitzen Personen miteinander am Tisch, die sich zu einem bestimmten Thema X unterhalten wollen. Während alle anderen Argumente miteinander austauschen, versucht eine Person am Tisch, ihre Redebeiträge dazu zu nutzen, den anderen ein zum Gesprächsthema halbwegs passendes Produkt zu verkaufen. Ganz ähnlich sieht es aus, wenn wir Social Selling unter dem Gesichtspunkt des Netzwerkens bewerten. Beim Social Selling geht es darum, dass Vertriebsmitarbeiter*innen mit potentiellen Kunden eine Beziehung aufbauen. Auch hierfür werden Social-Media-Kanäle genutzt. Passen die Interessen und Aussagen eines potentiellen Kunden zu einem Produkt, soll dieser aktiv angesprochen werden, um ein vertrauensvolles Verhältnis aufzubauen. Social Seller sollen auf diese Weise eine Beraterrolle einnehmen. Wirklich an einem Thema oder einer Person interessiert sind

Kontakte wie diese nicht. Da Networking meiner tiefen Überzeugung nach nur auf Basis des Prinzips von Geben und Nehmen und echtem Interesse aneinander funktioniert, entwerten Verkaufspraktiken wie Social Selling Plattformen wie Twitter, LinkedIn & Co. Ich möchte mir gar nicht ausmalen, was passieren würde, wenn auch nur ein Viertel meiner Freund*innen auf Social Media mir plötzlich mit jedem Post durch die Blume sagen würden, dass sie ein interessantes Angebot für mich haben.

Bei aller berechtigten Kritik sollen die Gemeinsamkeiten nicht unter den Tisch gekehrt werden: Denn ja – wer sich selbst als Personenmarke versteht und positioniert, will sich im weitesten Sinne auch verkaufen. Wobei ich finde, dass in diesem Zusammenhang das ökonomische Vokabular in die Irre leitet und insofern fehl am Platz ist. Denn nur wenn man Personal Branding mit diesem Begriffsinstrumentarium zu definieren versucht, läuft es am Ende auf die Logik von Angebot und Nachfrage hinaus. Dabei geht es im Grunde um so viel mehr als nur um berufliche Weiterentwicklung.

Sind Menschen nun doch keine Marken?

Menschen sind keine Marken in dem Sinne, in dem Unternehmen Marken sind. Genau darum sollten sie sich gegenseitig auch nicht wie eine Marke behandeln. Unternehmen müssen beispielsweise sehr viel stärker strategisch vorgehen und auf Impulse und Trends reagieren, die von außen kommen. Bei Personen funktionieren solche Prozesse grundlegend anders. Ich kann nicht auf jeden Zug aufspringen. Nur weil gerade alle über ein bestimmtes Thema reden, muss ich nicht auch etwas dazu sagen. Schon gar nicht, wenn es nicht zu meinem Markenkern passt. Es ist besser, sich hin und wieder nicht zu einer neuen Entwicklung zu äußern, nur weil man dazu zufällig auch eine Meinung hat. Auch Anfragen und Kooperationen – selbst, wenn sie noch so reizvoll sein sollten – lohnen sich am Ende des Tages nicht, wenn sie nicht auf den eigenen Markenkern einzahlen. Wie es sich anfühlt, wenn jemand Nein sagt, musste ich vor kurzem selbst erfahren. Wir waren auf der Suche nach einem Jurymitglied für den Digital Female Leader Award, den wir von Global Digital Women jährlich verleihen. Ich war davon überzeugt, den perfekten Kandidaten gefunden zu haben, weswegen ich von seiner Absage doch einigermaßen überrascht war. Auf meine Nachfrage nach den Beweggründen erfuhr ich, dass es tatsächlich nichts mit dem Projekt an sich oder der Wertschätzung dafür zu tun hatte. Vielmehr mache es die Vielzahl der Anfragen einfach nötig, beim eigentlichen Kernthema zu bleiben. Wer hier zu beliebig vorgeht, brennt irgendwann aus und verwässert seinen Markenkern.

Bei Unternehmen sieht das anders aus. Marken *müssen* mindestens dreimal am Tag präsent sein, um im Gedächtnis der Menschen zu bleiben. Und auch Personenmarken müssen regelmäßig präsent sein – aber nur, wenn sie wirklich etwas zu sagen haben.

» Menschen sind keine Marken, wie Unternehmen es sind.

Es handelt sich hier natürlich um eine Gratwanderung. Wie bereits erwähnt beschäftigen sich viele Menschen mit dem Thema Personal Branding, weil sie am Ende des Tages persönlichen, gesellschaftlichen und eben auch wirtschaftlichen Erfolg haben wollen. Und ja, es gibt Parallelen zwischen dem Branding, das Unternehmen betreiben, und den Praktiken, um die es im Bereich Personal Branding geht. Ich denke aber, dass es hier sehr stark auf die Art der Kommunikation, auf die Tonalität und die persönliche Motivation ankommt. Will ich etwas verkaufen, wenn ich ein gemeinsames Selfie mit Greta Thunberg poste? Natürlich nicht. Ich kann aber meine Plattform für ein bestimmtes Thema wie Umweltschutz, Diversität oder Digitalisierung einsetzen, um mich dafür zu engagieren. Solche Anstrengungen fallen nicht zwangsläufig unter den Begriff Social Selling, haben aber wohl etwas mit Personal Branding zu tun. Während es beim Social Selling um Wertschöpfung geht, stehen beim Personal Branding Werte im Zentrum.

Der Grund dafür, dass hier eine Unterscheidung getroffen werden muss, ist jedoch noch weitreichender. Denn der Fokus auf einen ökonomischen Marken- und Branding-Begriff, bei dem das Verkaufen und Vermarkten im Vordergrund steht, ist an sich schon ein Problem. Denn wenn wir uns schon von den Begrifflichkeiten her im Bereich des Ökonomischen bewegen, dann werden Zahlen erst recht zum maßgeblichen Bewertungsmaßstab erhoben. Ob wir uns als Marke gut positioniert haben, wird dann daran gemessen, ob und wie gut wir uns verkaufen konnten. Stimmen die Zahlen nicht, muss etwas mit der Personenmarke nicht stimmen. Diese Metrik ist aber im Bereich Personal Branding fehl am Platz. Denn die Motivation, sich mit seinen Themen zu positionieren, muss intrinsisch sein – also von innen kommen. Sobald sie nach außen verlagert und beziffert wird, ändert sich auch die Motivation, die dann eben extrinsisch wird und sich danach bemisst, ob sich meine Anstrengungen in diesem Bereich de facto auszahlen. Ein verlässliches Netzwerk, gegenseitiges Empowerment, Engagement und Begeisterung lassen sich aber nicht mit Geld aufwiegen. Im schlimmsten Fall nehmen Anstrengungen in diesen Bereichen sogar ab, wenn wirtschaftliche Interessen zur Hauptmotivation werden. Aufgrund dieses Zusammenhangs ist es auch tatsächlich sinnvoll, Ehrenämter beispielsweise in gemeinnützigen Organisationen wie Sportclubs oder freiwilligen Feuerwehren unbezahlt zu lassen. Die Erfahrung hat gezeigt, dass das ehrenamtliche Engagement sogar nachlässt, wenn Posten in diesen Bereichen finanziell vergütet werden.

Es geht darum, die richtigen Menschen zu erreichen

Viele messen den Erfolg ihrer Social-Media-Aktivität auch daran, ob sie eine große Anzahl an Likes, Retweets oder Reaktionen erhalten. Auch ich freue mich sehr, wenn ich mit einem Artikel oder einer Aussage viele Menschen erreiche. Aber auch hier ist die zahlenmäßige Quantität nicht zwangsläufig das Ausschlaggebende. Viel wichtiger ist, ob bei denjenigen, die auf etwas reagieren, auch wirklich die entscheidenden Personen dabei sind, die man ansprechen möchte. Im Extremfall genügt es, eine einzige Person zu erreichen, wenn das genau diejenige ist, die mir dabei hilft, mein Ziel zu erreichen oder etwas zu verändern. Das andere mögliche Extrem wäre, dass ich mit einem provokanten Tweet tausende Menschen erreiche, aber niemand darunter ist, der sich für meine Sache interessiert.

> » Beim Personal Branding geht es nicht ums Zählen, sondern ums Erzählen.

Die persönliche Motivation, sich für ein bestimmtes Thema zu engagieren, speist sich meist daraus, dass man etwas bewegen oder verändern möchte. Dann fängt man an, dieses Thema nach außen zu tragen, um ein Bewusstsein dafür zu schaffen, die Resonanz zu testen und auf Menschen zu treffen, die sich ebenfalls damit beschäftigen. Ich werde in diesem Zusammenhang oft gefragt, ob ich mich selbst als »Influencerin« verstehe. Diese Frage zu beantworten finde ich nicht zuletzt aufgrund der Ausführungen hier nicht ganz einfach. Influencer*innen sind in der Regel Werbeträger und im Kontext von Influencer-Marketing angesiedelt. Ganz egal, ob bei den Stars oder den Micro-Influencer*innen: Die Reichweite ist ausschlaggebend. Darum haftet der Szene auch der Vorwurf der Oberflächlichkeit an und der Verdacht, es gehe vielen nur um Glamour. Ein Lösungsansatz wäre, selbst in einer oberflächlichen Welt immer bei sich selbst zu bleiben. Gleichzeitig möchte ich jedoch darauf hinweisen, dass jegliche Form von Reichweite auch Verantwortung mit sich bringt. Darum will ich dafür plädieren, die eigene Reichweite stets zu nutzen, um sich für etwas Gutes einzusetzen.

Im Normalfall würde ich daher sagen, dass ich mich selbst nicht als Influencerin verstehe. Obwohl mich von außen betrachtet sicher einiges mit den Menschen verbindet, die sich selbst als Influencer*innen beschreiben würden. Die Unterschiede überwiegen meinem Dafürhalten nach aber – ich würde zum Beispiel nicht einmal im Traum darauf kommen, um einen Rabatt für eine Übernachtung in einem Hotel zu bitten. Da halte ich es viel lieber mit Bozoma Saint John: »If I can be in a position of power and influence, and be able to make my present better, then I want to do that.« Wenn ich also meine Position dazu nutzen kann, bestimmte Dinge zum Besseren zu verändern, steht es in meiner Verantwortung, das auch zu tun. Wenn man also so will, bin ich eine »Influencerin für die gute Sache«.

Social Me statt Selfie-Show

Kommen wir also zu den Unterschieden zwischen Personenmarken und Marken von Unternehmen. Marken und Produkte kann man kaufen. Menschen kann man zuhören, ihren Aussagen zustimmen oder ihnen widersprechen, sich mit ihnen vernetzen und gemeinsame Positionen vertreten. Die gesamte Dynamik, die sich mit Personal Branding verbindet, unterscheidet sich so grundlegend von anderen Branding-Praktiken, dass meiner Meinung nach ein neuer Begriff dafür unbedingt notwendig und wünschenswert wäre. Auf der Suche nach einem besseren Begriff bin ich auf ein Konzept gestoßen, das ich für sehr viel gelungener, neutraler und passender halte, wenn es um ein nachhaltig gedachtes Social oder Personal Branding geht. Das Konzept heißt: *Social Me*. Dabei geht es um vier wesentliche Aspekte: Gesicht, Stimme, Sichtbarkeit und Position – in diesem Koordinatensystem bewegt sich das Social Me. Es geht nicht so sehr darum, die Reichweite zu messen, volle Kontaktlisten zu haben, viele Likes zu bekommen oder den finanziellen Wert einer Marke zu steigern. Es geht nicht um Quantität, sondern Qualität. Es geht darum, sichtbar zu werden und die eigene Stimme hörbar zu machen. Der Fokus liegt darum auf Storytelling und Positionierung. Es geht darum, deine Geschichte zu erzählen und deine Themen zu vermitteln. So gelingt es dir, eine Verbindung herzustellen zwischen dir als Person und dem, was du in deinem Leben machen oder wofür du einstehen willst.

Hier geht es auch darum, Haltung zu zeigen. Du musst nicht nur für deine eigenen Themen einstehen, sondern auch dann mal einspringen, wenn du feststellst, dass Menschen in deinem Umfeld auf Social Media angegangen werden. Nicht jedes Einmischen in jede Debatte ist sinnvoll oder auch im Übrigen gut für deine Positionierung, aber wenn du siehst, dass Menschen deine Unterstützung brauchen könnten, gerade auch wenn es um Hass und Hetze geht, ist es wichtig, da zu sein. Eine Positionierung bringt auch eine gewisse Verantwortung mit sich! Digital wie analog.

Natürlich ist es wichtig, das Social Me nicht einfach als ein digitales Abbild des analogen Selbst zu verstehen. Das würde viel zu kurz greifen, und am Ende wären alle Anstrengungen nicht mehr als eine bloße Selfie-Show. Beim Social Me geht es aber um mehr. Zum einen verstehe ich den gesamten Bereich Personal Branding und auch das Social Me umfassender – es geht nie ausschließlich um den digitalen Raum, sondern immer um beides: die analoge *und* die digitale Welt. Beide Bereiche bedingen einander und sollten nicht isoliert voneinander betrachtet werden. Zum anderen sollte das Social Me mehr sein als bloß die Botschaft »Ich bin da!«. Das ist natürlich ein schmaler Grat. Im Prinzip fängt es schon beim Thema Selfies an. Tausend Selfies machen zwar noch keine Personal-Branding-Strategie, aber ein Selfie an sich ist weder gut noch schlecht.

» Meine Antwort auf die Frage »Selfie – ja oder nein?« lautet: Selfie ja – aber Selfie mit Inhalt!

Ich stelle mir bei jedem Selfie die Frage: Warum poste ich es? Was ist die Botschaft, die ich damit vermitteln möchte? Wer oder was ist auf dem Selfie noch zu sehen? Ich poste ein Selfie nur, wenn ich eine Botschaft damit verbinden kann. Ein Selfie mit Greta Thunberg würde beispielsweise sofort auch als eine Botschaft zum Thema Umweltschutz verstanden werden.

! Wie bekommst du mit, ob du vielleicht zu sehr in eine falsche Richtung abgebogen bist? Mein Tipp: Achte immer auf dein Umfeld. Nimm das Feedback ernst, das du aus deinem Netzwerk bekommst. Wenn du Rückmeldungen bekommst wie »Hallo? Nimmst du andere überhaupt noch wahr?«, dann ist das ein wichtiges Zeichen dafür, dass du deine Kommunikationsweise überprüfen solltest.

Meinem Verständnis von Social Media nach ist es wichtig, dass die inhaltlichen Themen im Vordergrund stehen und dabei die persönliche Komponente betont werden soll. Das richtige Verständnis von *Me* ist das Entscheidende an dem Konzept. Unabhängig davon, ob jemand eine eigene Homepage betreibt, ein Twitter- oder Instagram-Profil hat oder im Intranet bloggt – es geht weder darum, Seelenstriptease zu betreiben, noch darum zu dokumentieren, was man jeden Tag macht. Die spannende Frage ist: Was macht dich aus? Was prägt dich? Welche Themen interessieren dich, und wie positionierst du dich dazu? Nur wenn man selbst eine Position hat, funktioniert das Konzept vom Social Me. Das Social Me ist der Ansatzpunkt, an dem sich alle Konsequenzen zeigen, um die es beim Personal Branding letzten Endes geht.

Wenn ich das Social Me in einem Satz zusammenfassen müsste, würde ich sagen: Das Social Me ist die beste Seite, die du von dir zeigen kannst, ohne dich dabei zu verbiegen. Damit meine ich, dass daraus kein übermenschlicher Anspruch erwachsen sollte. Die beste Seite von dir zu zeigen sollte dich nicht davon abhalten, auch hin und wieder zu deinen Fehlern zu stehen und aus deinem Scheitern zu lernen.

> » Du musst nicht perfekt sein,
> um umwerfend zu sein.

Bei dieser Definition fehlt ganz bewusst jeder Bezug zur digitalen oder analogen Welt. Zwar bin ich davon überzeugt, dass heute jede*r in der einen oder anderen Form digital in Erscheinung treten muss. Denn nur wer sichtbar ist, findet auch statt. Viele meiner eigenen Branding-Erfahrungen waren ganz und gar analog. Beispielsweise begannen meine ersten Versuche, ein Netzwerk aufzubauen und zu organisieren, wörtlich an einem Stammtisch. Ich startete in jeder Hinsicht bei null. Die ersten Treffen finanzierte ich aus eigener Tasche. Was ich aber hatte, war eine Mission. Mir ging es darum, meine Erfahrungen aus meiner persönlichen Geschichte weiterzugeben. Ich war neugierig, was geht und was nicht. Meine Intention war, andere zu motivieren. Und auf die Themen aufmerksam zu machen, die ich wichtig fand. Ich wollte zeigen, dass es wichtig ist, sich zu vernetzen. Ich wollte, dass die Themen Diversity und Empowerment verstärkt wahrgenommen werden. Es gab einen Satz, der mich selbst immer wieder motivierte und mich dazu brachte, mich selbst aus meiner Komfortzone herauszubewegen. Ich dachte mir: Wenn es um das Thema Sichtbarkeit geht, muss ich auch selber sichtbar werden.

Wir müssen Sichtbarkeit neu verstehen lernen

Wenn es um Sichtbarkeit geht, führt heute natürlich kein Weg mehr an den digitalen Kanälen vorbei. Einerseits ist das eine immense Chance, wenn es beispielsweise um die eigene Reichweite geht. Und damit meine ich nicht die zahlenmäßige Reichweite, sondern Reichweite beispielsweise in geografischer Hinsicht und auch Reichweite, was Hierarchien betrifft. Andererseits müssen wir einen verantwortungsvollen Umgang mit den Social Media lernen. Denn man sollte sich immer bewusst machen: Wer sich online präsentiert, hinterlässt Spuren. Jeder Like, jedes Statement, jeder Post ist gespeichert für die Ewigkeit. Im Prinzip wissen wir, dass all diese Aktivitäten öffentlich sind, irgendwie da draußen im Orbit kursieren und registriert werden. Aber sind wir uns wirklich voll darüber im Klaren, was das bedeutet? Alle Spuren, die wir hinterlassen, führen letzten Endes wieder zu uns zurück. Das heißt aber auch, dass diese Spuren zu uns passen müssen. Auch darum spreche ich lieber vom Social Me. Denn wir sind keine abstrakte Marke, die losgelöst von unserer Persönlichkeit existiert. Auch das beste Branding der Welt macht mich nicht zur Astrophysikerin. Gleichzeitig unterscheidet sich unser digital sichtbares Bild fundamental von uns als Person im analogen Raum. Unsere digitale Identität müssen wir immer wieder neu erschaffen. Die Social Media prägen diesen Prozess, die Art und Weise, wie wir dies tun, ein Stück weit. Ein Gedanke, der sehr dabei hilft, sich aller Konsequenzen der Sichtbarkeit in der digitalen Öffentlichkeit bewusst zu werden: In dem Moment, in dem wir da draußen sind, werden wir für andere zum Vorbild.

Das, was wir von uns selbst öffentlich zeigen, sollte keine Projektionsfläche dessen sein, was oder wie wir vielleicht gerne wären. Unsere digitale Identität muss auf uns bezogen sein und das Beste von uns repräsentieren. Denn die Chance, die sich uns durch die Social Media bietet, ist unglaublich wertvoll. Die digitalen Kanäle sind ein Multiplikator, der uns einfach so zur Verfügung steht und den wir nutzen sollten. Nicht nur, um einfach stattzufinden, sondern um andere Menschen dabei zu unterstützen, wichtige Themen zu setzen, um zum Vorbild zu werden und um ein »authentisches« oder besser gesagt ein echtes Bild von uns selbst zu schaffen.

Sei authentisch – aber bei schlechter Laune hört der Spaß auf

Bekanntlich ist es unmöglich, auf die Aufforderung »Sei spontan!« spontan zu reagieren. Ganz ähnlich ist es mit dem Aufruf »Sei authentisch!«. Erschwerend kommt hinzu, dass die Sache mit der Authentizität ein zweischneidiges Schwert ist. Nehmen wir zum Beispiel einen Arzt. Angenommen er ist schlecht gelaunt. Würden wir ihm raten, dass er authentisch sein soll, wenn er den OP-Saal betritt? Natürlich erwarten wir von ihm, dass er sich diszipliniert und professionell verhält und trotz seiner Laune seine Leistung bringt. Besonders im Arbeitskontext halte ich es daher für schwierig, immer authentisch zu sein und das einzufordern. Denn jede*r ist in der Arbeitswelt nicht nur eine Privatperson, sondern erfüllt immer ein Stück weit auch eine Rolle.

> Schlechte Laune am Arbeitsplatz ist nicht authentisch, sondern unprofessionell.

Einer meiner ersten Nebenjobs war Aushilfe in einer Filiale von Yves Rocher. An den Job kam ich eher wie die Jungfrau zum Kinde – und aufgrund des Glücksfalls, dass meine Mutter die Geschäftsführerin des Ladens kannte und ein gutes Wort für mich einlegte. Es war also nicht unbedingt mein Herzenswunsch, dort zu arbeiten. Allerdings suchte ich händeringend einen Aushilfsjob und wusste überhaupt nicht, wo ich mit der Suche beginnen sollte. Ich war damals nicht gerade dafür bekannt, eine Sache besonders gut zu können. »Labern« konnte ich gut. Insofern passte eine Stelle im Verkauf zu mir. Obwohl ich damals extrem schüchtern war, habe ich trotzdem dort angefangen zu arbeiten. Ehrlich gesagt waren meine ersten Gehversuche als Verkäuferin furchtbar. Wenn es irgendwie ging, habe ich es am Anfang vermieden, in Kontakt mit den Kunden zu treten. Im Grunde meines Herzens wollte ich vor jeder Verkaufssituation weglaufen. Genau das strahlte ich auch aus, und unterm Strich war ich ziemlich schlecht darin, etwas zu verkaufen. Dennoch habe ich dort letztlich vier Jahre lang gearbeitet und sehr viel dazugelernt. Ich musste mich aus meiner Komfortzone herausbewegen und der Realität stellen – denn in diesem Job ging es nun mal ums Verkaufen. Ohne Biegen und Brechen. Eine der wichtigsten Lektionen, die ich in dieser Zeit gelernt habe, war es, Empathie anzuwenden. Dabei war insbesondere eine Kollegin ein wichtiges Vorbild für mich. Sie fiel mir sehr schnell auf, weil sie immer gut gelaunt war und strahlte. Als ich sie kennenlernte, dachte ich zunächst, dass das doch gar nicht sein kann. Irgendwann fragte ich sie, was ihr Geheimnis sei, dass sie immer so gute Laute hätte. Sie sagte mir: »Sobald ich die Türschwelle übertrete, ist Professionalität gefragt. Alles andere bringt nichts. Weder den Kunden noch irgendwelchen anderen Leuten noch mir selbst.« »Das ist also alles nur gespielt?«, wollte ich wissen. Darauf meinte meine Kollegin: »Nein, ich spiele das nicht. Ich lasse einfach alles andere hinter mir, wenn ich die Schwelle zum Laden übertrete. Die Leute, denen ich hier begegne, haben nichts mit meinen Privatleben zu tun.« Das hat mich damals zutiefst beeindruckt. Am Ende der vier Jahre war ich schließlich dazu in der Lage, alles zu verkaufen.

Die Herausforderung besteht also darin, echt zu sein und nicht unbedingt authentisch. Das bedeutet aber nicht automatisch, immer gleich alles zu sagen, was man denkt. Authentizität sollte nicht als Lizenz zur Unhöflichkeit missverstanden werden. Es geht nicht darum, sich und seine Meinungen oder Befindlichkeiten permanent zu äußern und in den Vordergrund zu stellen, sondern lediglich darum, nicht zu versuchen, etwas zu verkörpern, das man nicht ist. Das Social Me sollte also dem Grundsatz folgen, dass man nur Standpunkte vertritt, die zur eigenen Persönlichkeit passen. Nicht zuletzt halte ich es auch für wichtig, stets den Rahmen zu beachten, in dem man sich bewegt. Je nach Kontext können Aussagen, Kleidungsstile oder Verhaltensweisen unterschiedlich und mitunter unpassend wirken.

Mit Natürlichkeit weg von der Perfektion

Auch wenn der Ruf nach Authentizität inzwischen zum Standard gehört, wenn es um Personal Branding und das Einmaleins der Social-Media-Welt geht, möchte ich dafür plädieren, auch diesen Ausdruck langfristig zu ersetzen. Statt Authentizität halte ich Natürlichkeit für den passenderen Begriff. Der Unterschied mag auf den ersten Blick marginal erscheinen, ist aber meines Erachtens ausschlaggebend: Als ich vor einiger Zeit zu Gast in einem Fernsehstudio von NTV war, stand ich vor einer Wahl, die den Unterschied zwischen Authentizität und Natürlichkeit gut veranschaulicht: Wie das oft ist, wurden direkt vor der Aufzeichnung noch ein paar Häppchen gereicht. Dabei unterlief mir ein fataler Fehler: Ich griff zum Mohnbrötchen! Als ich dann kurz vor dem Auftritt mit der Moderatorin ein Selfie machte, fiel mir zum Glück sofort das obligatorische Mohnkorn zwischen meinen Zähnen auf. Ich entfernte es, und wir machten ein zweites Selfie. Nun stand ich vor der Wahl, welches der beiden Bilder ich posten sollte. Ich entschied mich letztlich für das Bild mit dem Mohnkorn zwischen meinen Zähnen, weil es viel natürlicher wirkte, obwohl das andere mindestens ebenso authentisch gewesen wäre wie das erste. Ich bin mir sehr sicher, dass viele Menschen in dieser Situation lieber das makellosere Foto gepostet hätten. In meinem Fall hat sich der Mut zum Mohnkorn tatsächlich ausgezahlt. Das Bild und die überraschend rege und kontroverse Diskussion darüber haben letztlich sogar zu einem weiteren Interview zu der Frage geführt: »Wie geht man mit Momenten um, in denen man nicht nur die beste Seite zeigt?« Aber nicht nur die Reichweite des Posts erstaunte und freute mich. Was mich auch sehr berührte, waren die persönlichen Nachrichten, die meine Entscheidung lobten, mich nahbar und nicht perfekt zu präsentieren.

Natürlichkeit ist für mich ein Statement. Es sagt: Weg von der Perfektion! Wenn mich Teilnehmer von Workshops fragen, wie sie denn eine Sprache finden können, die zu ihnen als Typ passt, vergleiche ich das gerne mit einer Weltreise, auf die man sich begibt. Diese lässt sich nicht am Reißbrett entwerfen, sondern erfordert ein gewisses Maß an Offenheit. Eine Reise durch die Welt ist zugleich immer auch eine Reise zu sich. Erst in der Situation vor Ort sieht man sich mit Fragen, Situationen und Entscheidungen konfrontiert, die einen auf sich selbst zurückverweisen. Je öfter man bei einer Reise mit sich selbst konfrontiert wird, umso besser lernt man sich kennen, und desto eher findet man zu sich. Ganz ähnlich ist es mit dem Personal Branding. Auch hier wird es gerade am Anfang immer wieder Situationen geben, die unangenehm sind. Unangenehm sind diese meist, weil sie uns mit uns selbst konfrontieren und Unsicherheiten offenlegen, derer wir uns vielleicht gar nicht bewusst waren. Obwohl ich selbst eine Verfechterin von Humor bin, plädiere ich dafür, gerade in diesen Situationen nicht automatisch die Humorspritze rauszuholen. Besonders dann nicht, wenn man im Grunde des Herzens ein sachlicher Typ ist. Das wäre dann tatsächlich nicht nur unnatürlich, sondern auch unglaubwürdig. Wie bei einer Reise jede Entscheidung den weiteren Verlauf des Weges beeinflusst, so stellen wir auch beim Personal Branding mit jeder Entscheidung die Weichen dafür, welche Form wir unserem Social Me geben wollen. Darüber hinaus sollte man nicht vergessen, worum es eigentlich geht. Denn schließlich ist das Ziel von Personal Branding nicht, ein perfektes oder gar idealisiertes Abbild von sich zu erschaffen. Vielmehr geht es darum, die eigene Geschichte zu erzählen und Menschen für eine Sache zu begeistern. Ich bin davon überzeugt, dass dies umso besser gelingt, je natürlicher wir dabei wirken.

Challenge: Natürlichkeit und Sichtbarkeit siegen

Das Social Me wird maßgeblich von den vier Aspekten Gesicht, Stimme, Sichtbarkeit und Position bestimmt. Die Challenge besteht aus zwei Schritten.
Schritt 1: Nichts bestimmt so sehr dein Erscheinungsbild wie dein eigenes Gesicht. Avatare, Haustiere oder die Bilder der eigenen Kinder haben hier nichts zu suchen. Auch Firmenlogos halte ich für nicht geeignet – schließlich sind

Menschen keine Marken, wie Unternehmen es sind. Überprüfe deine Profilbilder in den sozialen Netzwerken und auf deiner Landing- oder Homepage: Bist dort wirklich du zu sehen? Dein Profilfoto sagt mehr über dich und dein Social Me aus, als du denkst. Ist es bereits 15 Jahre alt? Ist es ein Ausschnitt eines Urlaubsfotos? Überlege dir, was du damit kommunizieren willst und ob du das mit deinem Bild erreichst. Bei der Gelegenheit: Klarnamen helfen anderen Menschen dabei, dich zu finden. Traktorfan85 ist zwar ziemlich einzigartig, aber nicht besonders identitätsstiftend oder vertrauenerweckend.

Schritt 2: Lass die Menschen, die deine Profile besuchen, wissen, was sie von dir zu erwarten haben. Denk auch hier an Natürlichkeit. Niemand erwartet Formulierungen, für die du den nächsten Literatur-Nobelpreis gewinnst. Auch hinsichtlich des Umfangs sind keine Romane gefragt. Sag in wenigen klaren und einfachen Worten, wofür du stehst, wohin du willst oder was du in Zukunft erreichen willst.

IN ALLER KÜRZE:

Einer der Hauptgründe, aus denen Menschen sich dagegen wehren, sich als Personenmarke zu verstehen und diese aktiv zu gestalten, ist Angst. Es ist die Angst davor, ein scheinbar perfektes Instagram-Leben führen oder zumindest zeigen zu müssen. Die Angst, andere mit den eigenen Themen zu nerven. Und die Angst, sich selbst zu verkaufen als etwas, das man eigentlich gar nicht ist. So muss das aber gar nicht sein, und all diese Ängste sind letzten Endes unbegründet. Denn Menschen sind keine Marken, wie es Unternehmen sind. Anstatt Perfektion und Unnahbarkeit beziehungsweise Angst und Unsicherheit zählen vielmehr Natürlichkeit und Sichtbarkeit. Das Konzept von Social Me verkörpert diesen neuen Zugang zu dir als Personal Brand.

KAPITEL 5

DIE KUNST DES PERSONAL STORYTELLING

Von »Wer bin ich?« zu »Wie erzähle ich es?«

Dein Profil steht, jetzt geht es in die Praxis. Egal, ob es dabei um deinen Social-Media-Auftritt, deine eigene Landingpage oder analoge Veranstaltungen geht – hier lernst du, wie du diese Kanäle bedienst, wie du Bilder für deine Themen sprechen lassen kannst und wann es gilt, auch einmal nichts zu sagen. Ich teile mit dir meine schrägsten, witzigsten und eindrucksvollsten Social-Media- und Veranstaltungsmomente und zeige dir, was du daraus lernen kannst.

Beim Personal Branding geht es um sehr viel mehr, als nur zu sagen, wer du bist und wo und was du arbeitest. Es geht um deine Fähigkeiten, deine Talente, deine Leidenschaft, deine Erfahrungen, deine Geschichte und deine Vision, wo du dich in Zukunft siehst. Erst wenn du all diese Aspekte deiner Persönlichkeit entsprechend präsentierst, haben andere die Möglichkeit, sich zielgerichtet mit dir in Verbindung zu setzen. Welche

Macht Storytelling in diesem Zusammenhang hat und wie stark diese Fähigkeiten von unserer Bildung und Erziehung abhängen, zeigte sich mir einmal besonders eindrücklich bei einer Veranstaltung. Ich war Teil einer internationalen Delegation, die aus 25 Personen bestand. Neben ein paar Abgesandten aus Deutschland waren auch welche aus den USA, Großbritannien und einigen anderen Ländern vertreten. Der Moderator bat uns alle, uns nacheinander vorzustellen. Dabei stach mir eine Auffälligkeit ins Auge. Die Vorstellung der Vertreter*innen aus Deutschland war – sagen wir es mal freundlich – knapp. Sie nannten ihren Namen, ihre Berufsbezeichnung und die Firma, für die sie arbeiteten. Die Vertreter aus den USA und Großbritannien hingegen stellten sich mit einer lebendigen Beschreibung ihrer Fähigkeiten und Leidenschaften vor, in die sie ihre aktuelle Beschäftigung eher zufällig einflochten. Sie stellten sich allesamt als Persönlichkeit vor und nicht als Träger einer Berufsbezeichnung. Ich fragte mich, wie man den starken Kontrast zwischen diesen unterschiedlichen Arten, sich vorzustellen, erklären konnte. In diesem Moment wurde mir klar, dass das Erzählen von Geschichten zu einem wesentlichen Teil durch die eigene Kultur geprägt sein muss. In Bezug auf Personal Branding bedeutet das für Menschen aus Deutschland, die Aufmerksamkeit verstärkt auf die eigenen Storytelling-Skills zu legen. Die eigene Persönlichkeit vorzustellen bedeutet eben mehr, als nur eine Berufsbezeichnung zu benennen. Was machst du wirklich? Wofür stehst du? Storytelling ist der Schlüssel, um diese Frage zu beantworten und anderen deine Geschichte und deine Persönlichkeit nahezubringen.

! Denk immer daran, dass du eine Inspiration für andere bist. Du bringst neue Perspektiven und Erfahrungen mit – und die sind es wert, zum Ausdruck gebracht zu werden!

Wie diese Episode sind meine ersten Personal-Branding-Erfahrungen ganz und gar analog. Zum einen habe ich mich in der Zeit, in der ich in der Politik tätig war, überhaupt nicht für die Möglichkeiten interessiert, die das Internet bot – Facebook war damals erst ein paar Jahre alt, und viele Leute waren tatsächlich noch auf Myspace. Zum anderen hatte ich genug damit zu tun, den Wahlkampf zu bewältigen. Dabei habe ich vor allem gelernt, wie wichtig es ist, seine Geschichte dem Zielpublikum und dem Anlass entsprechend anzupassen. Es ist weder nötig noch angebracht, bei jeder sich bietenden Gelegenheit den eigenen Werdegang von der Kindheit bis in die Gegenwart nachzuerzählen. Viel entscheidender ist es, den richtigen Ton und die persönliche Note zu finden, die zum jeweiligen Kontext passt. Als Unternehmerin werde ich heute häufig gebeten, über Themen wie das Gründen und die damit verbundenen Herausforderungen zu sprechen. In diesen Situationen erzähle ich dann nicht unbedingt etwas über Diversity, die Digitalisierung oder andere Themen, die ich wichtig finde. Stattdessen habe ich mir im Lauf der Zeit ein Repertoire an persönlichen Erlebnissen und Anekdoten angeeignet, auf die ich dann je nach Anlass zurückgreifen kann. Es ist ein wenig wie bei einem Kartenspiel, bei dem man ein ganzes Set an Möglichkeiten in der Hand hält. Die Kunst besteht dann darin, den richtigen Moment zu erkennen, um eine bestimmte Karte zu ziehen. Da dieser »Moment« nicht nur zeitlich gemeint, sondern auch mit dem Zielpublikum verknüpft ist, ist Empathie eine der wichtigsten Fähigkeiten, wenn es um Storytelling geht. Aber dazu später in Kapitel 6 noch mehr, wenn wir über die richtige Tonalität deiner Marke sprechen.

! Frag dich: Was sind die relevanten Infos für dein Publikum? Du musst nicht bei jeder Gelegenheit die Geschichte von der Kindheit bis heute erzählen.

Zu einer der wichtigsten, wiederkehrenden Aufgaben beim Personal Branding gehört der Elevator Pitch. Dabei handelt es sich um ein Instrument, dich selbst und dein Projekt oder deine Vision in etwa 60 Sekunden so überzeugend und klar wie möglich darzustellen. Die Bezeichnung Elevator Pitch, auch Elevator Statement genannt, geht auf eine fiktive Situation in einem Aufzug zurück. Stell dir vor, du stehst im Aufzug, und *die eine* Person, die dich in deiner Karriere oder deinem Lebensweg entscheidend weiterbringen kann, steigt zu. Das ist deine Chance. In der kurzen Zeit einer Aufzugfahrt musst du dich verkaufen können. Kannst du dich als Person mit deiner Vision und deinen Zielen in einer Minute präsentieren?

» Die Dauer einer Aufzugfahrt kann dein Leben verändern. Sei darum stets darauf vorbereitet, dein Elevator Statement wiedergeben zu können.

Meine Erfahrung ist, dass sich die wenigsten in diesen Situationen auf ihren Bauch verlassen und einfach frei improvisieren können. Die Aufregung und der Druck sind dann doch meistens so groß, dass man eher ein paar nicht zusammenhängende Sätze vor sich hin stammelt – und weil man alles auf einmal sagen will, vergisst man die Hälfte.

! Lerne deinen Elevator Pitch auswendig und übe ihn, bis du ihn im Schlaf aufsagen kannst.

In meinen Workshops zum Thema Personal Branding gibt es eine Aufgabe, die für die Teilnehmer*innen immer am schwierigsten ist und sehr eng mit dem Elevator Pitch verwandt ist. Sie lautet: Stell dich selbst vor und erzähl, was dich einzigartig macht.

Anders gesagt geht es um deinen Unique Selling Point, deinen USP. Ähnlich wie beim Elevator Pitch kann ich hier nur dazu raten, sich auf diese Aufgabe penibel vorzubereiten, die Antwort darauf schriftlich zu formulieren und am Ende auswendig zu lernen. Wer hier versucht, aus der Hüfte zu schießen, zielt in der Regel meilenweit am Ziel vorbei. Es lohnt sich, sich etwas intensiver mit dieser Frage auseinanderzusetzen. Das trifft meiner Erfahrung nach übrigens auf Führungskräfte ebenso zu wie auf Berufseinsteiger*innen. Wenn ich die Teilnehmenden am Ende frage, was genau das Schwierige an dieser Aufgabe ist, antworten die meisten, dass sie sich besonders mit dem Aspekt des Persönlichen schwertun.

Sich selbst und den eigenen USP in wenigen Sätzen wiederzugeben ist dabei nur der Anfang. Auch wenn diese Aufgabe sehr wichtig ist, reicht die Lektion, um die es mir hier geht, weit darüber hinaus. Denn wenn wir über deine Personenmarke sprechen, muss Storytelling immer Personal Storytelling sein. Das heißt: Wenn du eine Anekdote erzählst, überlege immer, wie du sie persönlich erlebt hast, und stell das auch heraus. Erst durch deine persönliche, unverkennbare Perspektive machst du das greifbar, worum es dir geht. Das Emotionale und das Persönliche einer Geschichte helfen dabei, das Erzählte im Gedächtnis zu verankern.

Eine weitere Aufgabe in meinen Workshops lautet, einen Post für LinkedIn zu entwerfen. Thema egal. Eine Teilnehmerin entschied sich für das Thema Digitalisierung von Aufgaben, weil sie persönlich davon betroffen war. Ihre Formulierung war sehr präzise und sachlich vollkommen richtig und nachvollziehbar: »Die Digitalisierung der Arbeitswelt führt dazu, dass Aufgaben automatisiert werden und Mitarbeiter neue Kenntnisse lernen müssen.« Als ich dann in die Runde gefragt habe, wer auf diesen Post reagieren würde, war die Resonanz jedoch eher verhalten. Ich rate dazu, solche Statements, wenn es möglich ist, stets in Ich-Botschaften zu formulieren – mit der kleinen Einschränkung: Niemals den Egomanen raushängen lassen! Ich-Botschaften machen klar, was dich zu dieser Aussage motiviert. Die Leser*in wird viel leichter verstehen, was dich bewegt und was du erreichen willst.

> Wenn es ums Personal Storytelling geht, zählt die eigene Perspektive! Wenn möglich, verwende Ich-Botschaften. So vermittelst du anderen, was dich bewegt.

Eine weitere Episode meiner Strategie: Ich schlage mich selbst vor

Storytelling ist für mich nicht ausschließlich ein Konzept, bei dem es um einen kreativen Umgang mit der eigenen Geschichte beziehungsweise Vergangenheit geht oder das zur Wissensvermittlung dient. Ich verstehe unter Storytelling ein durch und durch praktisches Instrument, das dir dabei hilft, das zu erreichen, was du dir vorgenommen hast. Bereits im vorherigen Kapitel habe ich meine Strategie »Ich schlage mich einfach selbst vor« vorgestellt. Mit dieser Strategie kam auch mein erster Buchvertrag zustande. Ab einem bestimmten Zeitpunkt wusste ich, dass ich mich inhaltlich – sowohl in praktischer wie in theoretischer Hinsicht – schon sehr lange und intensiv mit Netzwerken beschäftigt habe. In mir wuchs das Bedürfnis, dieses Wissen und meine Erfahrung weiterzugeben. Einerseits habe ich das zwar über diverse Artikel, Veranstaltungen, Tweets und Diskussionen bereits getan. Andererseits war es aber mein Wunsch, all meine Ansichten, Überzeugungen und Erfahrungen an einem Ort, geballt zwischen zwei Buchdeckeln, zusammenzuführen. Allerdings war mir bereits bewusst: Die gute Fee gibt es nicht. Niemand wird mir einfach so einen Buchvertrag anbieten. Also musste ich selbst aktiv werden. Darum machte ich mich auf die Suche nach passenden Verlagen und deren Vertreter*innen. Dafür liebe ich Twitter: Natürlich fand ich dort die Programmleiterin, die den zu mir passenden Bereich verantwortete, und folgte ihr einige Zeit lang. Ich gestehe, dass ich sie damals so lange »gestalkt« habe, bis ich schließlich ein Treffen einfädeln konnte. Durch einen ihrer Tweets wusste ich, dass sie zu einer Veranstaltung nach Berlin kommen würde. Also nahm ich all meinen Mut zusammen und schrieb sie an. Ich sagte, dass ich mir vorstellen kann, dass sie täglich sehr viele Exposés zugeschickt bekommt. Dennoch wollte ich ihr auch mein Exposé für ein Buch vorstellen und bat sie um ein Treffen. Mein Vorteil in diesem Moment war: Das Exposé für das Buch hatte ich bereits fertig. Ebenfalls konnte ich sie auf diverse Artikel verweisen, die ich bereits zu dem Thema veröffentlicht hatte. Auch meine Profile auf allen Plattformen hatte ich auf Vordermann gebracht. Dennoch war ich von ihrer Antwort überrascht. Sie sagte, dass sie mich bereits kenne, mir sogar schon eine Zeit lang folgt und meine Themen spannend finde.

Was hat das nun mit Storytelling zu tun? Storytelling verschafft dir Sichtbarkeit – und zwar *bevor* es wirklich darauf ankommt, dich und deine Anliegen zu präsentieren. Das wird deutlich, wenn man sich beispielsweise in die Perspektive der Programmleiterin versetzt. Ohne Storytelling und meine damit verbundene Sichtbarkeit wäre ich für sie mit all meinen Wünschen, Vorstellungen und Zielen ein völlig unbeschriebenes Blatt.

» Sichtbarkeit ist deine Plattform, mit deren Hilfe du deine Geschichte erzählen kannst. Wenn du dich kontinuierlich um diese Erzählung kümmerst, fällt es dir im entscheidenden Moment leichter, den nächsten Step zu machen.

Meine Aufgabe lautet also, mich so zu präsentieren, dass jede*r so schnell und deutlich wie möglich versteht, worum es mir geht. Die basalen Grundelemente einer jeden Geschichte lassen sich mit einfachen Fragen definieren: Um wen geht es? Was will er oder sie erreichen? Was ist die Motivation? Wie soll das Ziel erreicht werden? Aus Storytelling-Perspektive besteht meine Aufgabe darin, meinem Zielpublikum genau das zu vermitteln, so dass am Ende keine Fragen offenbleiben.

Der klassische Aufbau mit Einleitung, Hauptteil und Schluss kann hier als Anhaltspunkt herangezogen werden. Einleitung: Wer bin ich? Diese Frage kannst du mit einem kurzen Intro beantworten und indem du auf deine Homepage oder deine Profile verweist, in welchen du dich näher vorstellst. Hauptteil: Was will ich erreichen? Mein Anliegen war es, meine Erfahrung und meine Expertise in einem Buch über Netzwerke zusammenzufassen. Schluss: Wie kann mir mein Gegenüber dabei helfen? Stell dazu einen Bezug zur konkreten Situation her, in der du dein Anliegen vorträgst, und beziehe dein*e Gesprächspartner*in mit ein. Ich habe der Leiterin des Programmbereichs beispielsweise gesagt, dass das Thema meiner Recherche nach gut in ihr Verlagsprogramm passen würde. Der Rest ist Geschichte. Doch meine Kontaktaufnahme hat nur deswegen so gut funktioniert, weil ich zuvor an meiner Präsenz gearbeitet habe. Ich habe damit die Bausteine vorbereitet, die später zum Teil einer Geschichte werden konnten.

» Die Geschichte, die beim Personal Branding durch das Storytelling erzählbar und erlebbar gemacht wird, ist unsere eigene Lebensgeschichte.

Der Weg zu deinem Social-Media-Kanal

Eine professionelle Herangehensweise an das Thema Branding und Storytelling im Netz wurde für mich erst zu dem Zeitpunkt so richtig relevant, als ich mein erstes Frauen-Netzwerk gegründet habe. Sofort stellte sich mir die Frage, wie genau ich dieses Projekt entwickeln und positionieren sollte. Obwohl *Global Digital Women*, wie das Unternehmen heute heißt, das »Digital« wie ein Reklameschild im Namen trägt, muss ich etwas zugeben: Meine persönlichen Ambitionen und Fähigkeiten waren anfänglich alles andere als digital. Ich hatte im Grunde keine Ahnung von allen technischen Details. Ich gab natürlich mein Bestes und versuchte, mir alles anzueignen, was ich nicht konnte. Mit mäßigem Erfolg. Die erste Seite, die ich zur Organisation von Terminen gebaut habe, stürzte ab, als ich im Rahmen der ersten Veranstaltung verkündete, dass man sich dort für den nächsten Stammtisch eintragen konnte. Von mobiler Optimierung möchte ich an dieser Stelle lieber erst gar nicht reden. Erst später wurde mir klar, dass Facebook für Zwecke wie die Organisation von Events und Communitys eine gute

Anlaufstelle ist. Meine Devise lautet seither: Erst mal alles ausprobieren und ausgiebig testen, wenn man sich unsicher ist. So bin ich dann auch später an Twitter herangegangen – inzwischen mein Kanal der Wahl. Am Anfang hatte ich jedoch ein geschlossenes Profil. So konnte ich in einem geschützten Raum die ersten Versuche wagen, ohne dass meine Erzeugnisse für alle Ewigkeit aufbewahrt wurden. Da es unglaublich talentierte Menschen auf Twitter gibt, ist der Druck mitzuhalten gerade am Anfang besonders groß. Twitter ist allem voran ein Meinungsmedium, das unter anderem an Journalist*innen adressiert ist und von diesen stark genutzt wird. Ein gewisses Selbstvertrauen und Durchsetzungsvermögen gehören also schon dazu, wenn man dort auch gehört werden will. Natürlich kann man Twitter noch zu sehr viel mehr Zwecken einsetzen als nur, um dort seine Meinung kundzutun. Es eignet sich auch als ideales Live-Medium für Veranstaltungen, um Events und andere Formate zu begleiten und Aufmerksamkeit für bestimmte Themen zu erzeugen. Genau diese Verbindung zwischen Offline-Formaten und digitaler Erweiterung finde ich besonders reizvoll. Dass die Twitter-Welt keineswegs ein reines Online-Universum ist, muss ich mit erschreckender Regelmäßigkeit feststellen. Besonders in Momenten, in denen ich eigentlich allein sein will. Beispielsweise beim Bahnfahren. Im Grunde liebe ich Bahnfahren. Denn wann hat man schon mal die Gelegenheit, sich in Ruhe ohne Ablenkung intensiv einem Thema zu widmen!? Wenn ich Bahn fahre, schreibe ich oft an Texten, überarbeite Vorträge oder sammle Ideen für Workshops. Verspätungen sind für mich ein Traum. Denn jede Minute länger an Bord eines ICE mit seinem verlässlich lückenhaften Handyempfang und tröpfelnden WLAN bedeutet eine Minute mehr, in der ich endlich einmal in Ruhe abarbeiten kann, was sonst liegen bleibt: Doch noch schnell die Vorbereitungen für Moderationen abschließen oder die letzten 25 E-Mails beantworten – all das erledige ich auf Bahnfahrten, wenn ich ungestört bin. Oder sagen wir: fast ungestört. Zwar habe ich eine ganze Klaviatur von Taktiken entwickelt, um meine Mitreisenden auf Distanz zu halten: Resting-Bitch-Face, exzessives Tragen von Kopfhörern, einsilbige Antworten und, wenn alle Stricke reißen, wechsele ich kommentarlos meinen Platz. Aber mein System hat Lücken. Eine davon nutzt der Typus von Bahnfahrern, den ich gerne den »Elon Musk des Großraumabteils« nenne. Sein Mittel zur Kontaktaufnahme: ein flapsiger Tweet. »@TijenOnaran sieht aus, als könnte sie gut einen Schnaps gebrauchen!« Wenn ich Benachrichtigungen wie diese bekomme, ist mir klar, dass all meine Taktiken wirkungslos sind. Eine weitere eindrucksvolle Demonstration der Macht von Social Media.

Ab einem gewissen Punkt bekam ich das Gefühl, dass sich bestimmte Anstrengungen auszahlten. Während ich am Anfang vor allem dann erfolgreich war, wenn ich mich selbst ins Gespräch brachte, gab es später auch Momente, in denen andere auf mich zukamen. Beispielsweise wurde ich von der Redaktion von Xing angeschrieben und gefragt, ob ich nicht Lust hätte, auch mal einen Text auf Xing Insider zu veröffentlichen. Neben solchen Gelegenheiten gibt es viele weitere tolle Möglichkeiten, sich und seinen Themen Gehör zu verschaffen. Die Content-Plattform LinkedIn Pulse steht beispielsweise jedem offen, der gerne seine Gedanken veröffentlichen will. Da LinkedIn tendenziell eher ein internationales Publikum anspricht, empfiehlt es sich, hier auf Englisch zu publizieren. Wer auf der Suche nach einem Tor zur Welt ist, ist hier also gut beraten. Alternativ dazu gibt es Seiten wie Medium, das zu Twitter gehört und sich für längere Texte anbietet. Inhaltlich zur Sache geht es auch auf Quora, einem sozialen Netzwerk, bei dem Expert*innen Fragen beantworten, die alle Nutzer*innen stellen können. Es muss aber nicht immer Wort und Schrift sein. Die meisten Plattformen bieten inzwischen die Möglichkeit an, Videos hochzuladen, live zu streamen oder Bilder zu einer Story zu verarbeiten. Ich nutze für diese Zwecke am liebsten Instagram, aber auch LinkedIn oder Facebook bieten diese Optionen inzwischen an.

Checkliste: Wenn du dich fragst, welcher Social-Media-Kanal bzw. welche Kanäle am besten zu dir passen, kannst du folgende Punkte durchgehen:

- Dein Fokus ist entscheidend: Frag dich, was du erreichen willst und wen du erreichen willst.
- Ein Kanal reicht: Konzentriere dich zunächst auf einen Kanal. Erst wenn du merkst, dass du mit dem von dir gewählten Kanal in deinen Möglichkeiten eingeschränkt bist, nimm weitere dazu.
- Bleib offen: Manchmal findet man den passenden Kanal erst im Lauf der Zeit. Wenn du merkst, dass ihr nicht zusammenpasst oder es nicht vorangeht, probier etwas Neues aus.
- Frag dich: Was macht dir Spaß? Liegt dir eher das Visuelle oder das Sprachliche? Schreibst du lieber lange Texte oder bringst du die Dinge gerne auf den Punkt?

– Welcher Kanal eignet sich als Alltagsbegleiter? Personal Branding lebt von Regelmäßigkeit. Wähle einen Kanal, der es dir ermöglicht, mindestens ein- bis zweimal die Woche aktiv zu werden.

Ohne Social Media wäre ich nicht da, wo ich bin

Auch wenn ich nicht müde werde zu betonen, dass digitale und analoge Formen des Personal Brandings zusammenspielen müssen, kann natürlich die Bedeutung von Social Media in diesem Zusammenhang nicht unterschätzt werden. Ein großer Teil der Branding-Aktivitäten findet heute online statt. Dazu gehört auch die Wahl der Social-Media-Kanäle, die man für seine Personal-Branding-Aktivitäten nutzen möchte. Die Auswahl ist inzwischen riesig. Und: Es gibt hier kein Richtig und kein Falsch. Warum für mich beispielsweise Twitter der ideale Kanal ist, möchte ich gerne an zwei Beispielen verdeutlichen. Vor einiger Zeit traf ich mich mit der Vorständin eines Unternehmens aus der Automobilbranche zum Kaffee. Einfach so. Ich folgte ihr schon längere Zeit bei Twitter, weil ich viele ihrer Positionen teilte und spannend fand, was sie postete. Als ich merkte, dass sie mir offensichtlich auch folgt, weil sie ein paarmal auf meine Posts reagierte, nahm ich mir vor, sie einmal anzuschreiben und sie um ein Treffen zu bitten. Als sich dann wenige Wochen später abzeichnete, dass ich für einen Nachmittag in der Stadt sein würde, in der das Unternehmen seinen Sitz hat, schrieb ich sie einfach direkt über Twitter an. Wenige Augenblicke später vibrierte mein Telefon. Sie hatte mir tatsächlich unmittelbar geantwortet. Sie sagte mir ganz erfreut, dass sie mich schon vor längerem bei Twitter entdeckt und sich sehr über meine Nachricht gefreut habe. Da sie zufällig an dem Tag Zeit habe und sich ohnehin gerade in einer Umbruchphase befinden würde, würde sie mich sehr gerne auf einen Kaffee treffen. Momente wie diese empfinde ich immer wieder als magisch. Ich bin mir sicher: In einer analogen Welt hätten wir uns nie getroffen.

> Das Internet und die Social Media sind Demokratisierungsmaschinen. Ihr Versprechen: »Jede*r kann es schaffen!«

Einer der Vorzüge von Twitter ist, dass man direkt mit Menschen in Kontakt treten kann, die normalerweise völlig außerhalb der eigenen Reichweite wären. Sei es aufgrund von Hierarchien, die einen von einer anderen Person trennen, oder sei es aufgrund der rein geografischen Distanz. Das zeigt sich an dem zweiten Twitter-Moment, von dem ich hier gerne erzählen will. Und mehr noch: Die »Elon-Musk-Episode«, wie ich sie nenne, verdeutlicht auch, worauf es ankommt, wenn ihr euch für einen bestimmten Kanal entschieden habt. Aber von Anfang an. Alles ging damit los, dass ich auf Forbes.com einen Artikel gelesen hatte. Er war von einer amerikanischen Unternehmerin, die sich sehr für Empowerment anderer Frauen einsetzt. In diesem Zusammenhang erwähnte sie Elon Musk, dem in einem Interview ein paar Tränen über die Wange flossen, als er sich über die Schwierigkeiten im Dasein eines Unternehmers äußerte. Die Schlussfolgerung, um die es in dem Artikel letztlich ging, lautete, dass Männer und Frauen in der öffentlichen Wahrnehmung sehr unterschiedlich bewertet werden, wenn sie Emotionen zeigen. Während männliche Tränen als Zeichen der Stärke gewertet werden, weil hier jemand offen seine Gefühle zeigen kann, gelten Tränen bei Frauen als Zeichen der Schwäche oder als Offenbarung ihrer aktuellen seelischen Verfassung. Ich fand diese Ausführungen so treffend, dass ich den Artikel auf Twitter teilte. Das Ganze spielte sich während einer Zugfahrt ab. Nachdem ich den Artikel gepostet hatte, schlief ich ein. Ich wachte allerdings kurze Zeit später wieder auf, weil mein Telefon nicht mehr aufhören wollte zu vibrieren. Ich war verwirrt. Was ist da los? Wurde ich gehackt? Sind das alles Fake Accounts, die mir irgendwas schreiben? Und warum steht da »Elon Musk replied«? Jetzt war ich hellwach. Elon Musk hat was?! Mein Twitter explodierte. Hunderte Menschen kommentierten meinen Tweet. Viele (Kritiker von Elon Musk) beglückwünschten mich. Für sie war ich ein Star. Andere (Elon-Musk-Fans) schrieben mir verärgerte Nachrichten über Twitter, Instagram und LinkedIn. Für sie war ich nun der Inbegriff des Bösen. Am Ende erzielte der Tweet über drei Millionen Impressions und steht damit zweifellos an der einsamen Spitze meines gesamten Social-Media-Daseins.

In solchen Momenten wird mir immer wieder bewusst, was wir da eigentlich für unglaubliche Instrumente an der Hand haben. Manchmal frage ich mich, wie mein Leben verlaufen wäre, gäbe es die Social Media nicht.

Dein Kanal, deine Regeln

Für mich symbolisiert diese Episode auch die zwei Seiten von Social Media: Einerseits gehören sie zu den effektivsten Tools, die uns zur Verfügung stehen, wenn es darum geht, eine Personal Brand aufzubauen und zu kommunizieren. Gleichzeitig zeigen die Reaktionen, wie schnell sich hier der Wind drehen kann. Ein Tweet genügt bekanntlich, um ein ganzes Lebenswerk zu zerstören. Darum halte ich es für absolut wichtig, dass jede*r sich selbst ein Regelwerk überlegt und dieses strikt einhält. Ich habe beispielsweise auf keinen einzigen der Kommentare unter meinem Elon-Musk-Tweet reagiert – ganz gleich, ob sie negativer oder positiver Natur waren. Ich war der Meinung, dass es nichts gab, was ich dieser Diskussion noch hätte hinzufügen können.

> Wenn du eine Personal Brand aufbauen willst, dann definiere deine eigenen strengen Regeln, wie du Social Media für deine Zwecke einsetzen willst.

Zu diesen Regeln kann beispielsweise auch gehören, dass du festlegst, wie du wahrgenommen werden willst: als jemand, der Diskussionen immer weiterführt, jemand, der diese gern mit einem kleinen Witz abschließt, oder als jemand, der neutral ist und sich auf Business-Themen fokussiert. Du hast es in der Hand, welche Kanäle du bespielst, ob du dich nur offline oder auch online engagierst und welchen Regeln du dabei folgst.

Welche Rolle spielt Kleidung? Brauchst du einen Signature Look?

Wenn es um die konkrete Gestaltung deines Social Me geht, dreht sich alles um Kommunikation. Was viele dabei übersehen: Kommunikation umfasst so viel mehr als Sprache. Dabei steht uns eine unglaublich breite Palette an Möglichkeiten zur Verfügung, uns auszudrücken. Gerade in den Social Media ist alles, was mit visueller Kommunikation zu tun hat, besonders wichtig. Denn es geht oft nur um wenige Momente, die darüber entscheiden, ob andere dir ein kleines Stück ihrer Zeit schenken und dich und deine Botschaft wahrnehmen. Ein kleiner Selbstversuch genügt, um herauszufinden, auf welche Signale du achtest, wenn du beim Durchscrollen durch deine Feeds etwas tatsächlich genauer anschaust. Kleidung als Kommunikationsform wird in diesem Zusammenhang von vielen unterschätzt oder zu wenig bewusst eingesetzt. Wie stark Kleidung wirken kann, zeigt sich etwa an Personen wie John Legere, dem Chef von T-Mobile, unter dem das Unternehmen in den USA zur Marke wurde. Seinen Kleiderschrank stelle ich mir oft als eine riesige Ansammlung von magentafarbenen T-Shirts und Accessoires vor. Dazu alle möglichen Basics in Schwarz. Mehr kann er eigentlich nicht besitzen.

Wie effektiv die Signalwirkung von Kleidung ist, wurde mir selbst klar, als ich bei einer Veranstaltung darauf angesprochen wurde, warum ich denn auf einmal so viel farbige Sachen tragen würde. In der Tat trug ich früher hauptsächlich schwarze Kleidung. Ich war der Überzeugung: Damit kann man eigentlich nie viel verkehrt machen. Schwarz geht als »casual« durch, zur Not kommt man damit sogar ins Berghain, und im Zweifelsfall taugt es auch zum Business-Look. Inzwischen traue ich mich in modischer Hinsicht aber mehr, und das hat mit einem spezifischen Erweckungserlebnis zu tun. Wie wenig aussagekräftig der klassische schwarze Business-Look ist, wurde mir bewusst, als ich vor wenigen Jahren als Teil einer Gruppe von jungen Unternehmerinnen eine Reise durch die USA machen durfte. Wir waren 47 Frauen aus 47 Ländern. Ich repräsentierte in dieser Runde Deutschland. An einem Abend wurden wir alle gebeten, in »landestypischer Kleidung« an einer Veranstaltung teilzunehmen. Aus irgendeinem, mir nicht bekannten Grund gilt bekanntlich im Ausland das bayerische Dirndl als deutsche Landestracht. Da ich meines weder dabeihatte noch den Anlass genutzt hätte, um es zu tragen, entschied ich mich für die sicherste, konservativste und bestimmt langweiligste Variante: ein schwarzes Kleid. In gewisser Hinsicht könnte man durchaus behaupten, dass dieses schlichte und bodenständige Outfit typisch deutsch war. Angesichts der bunten Vielfalt an Farben und Kleidungsstilen kam ich mir aber doch etwas underdressed vor. Für mich wurde eines in diesem Moment mehr als deutlich: Ich musste dringend meine Farbpalette erweitern. Seit ich von dieser Reise zurückgekehrt bin, setze ich dieses Vorhaben Stück für Stück in die Tat um. Heute darf neben der farbigen Kleidung sogar ein leuchtender Lippenstift nicht mehr fehlen. Bei der Suche nach dem eigenen Kleidungsstil kann ich nur zur Freude am Experimentieren raten. Gleichwohl ist mir bewusst: Bunt zu tragen ist besonders im Unternehmenskontext durchaus mutig. Denn gerade hier sind die Ansprüche und Erwartungshaltungen sehr konservativ ausgeprägt. Und Frauen im Besonderen werden mit ganz anderen Maßstäben bewertet. Je höher sie in der Hierarchie klettern, desto kritischer wird die Haltung aus dem Umfeld im Hinblick auf die Kleidung. Kann eine Frau in einer Führungsfunktion High Heels tragen oder sollte sie lieber darauf verzichten? Gehen im Hochsommer ärmellose Kleider, oder sollten die Arme immer bedeckt sein? Für Außenstehende mag es vielleicht ein wenig absurd erscheinen, aber Fragen wie diesen wird tatsächlich eine große Bedeutung beigemessen.

Kleidungsstile und Looks werden sehr stark nach Stereotypen kategorisiert. Betritt man das Parkett der Öffentlichkeit – sei es in der Wirtschaft oder der Politik – und ist sich bezüglich des eigenen Kleidungsstils unsicher, ist man in der Regel gut beraten, sich an die Konventionen zu halten. Insbesondere bei Veranstaltungen ist es auffällig, wie weit verbreitet und akzeptiert ein bestimmter Kleidungskodex ist. Ausnahmen bestätigen wie immer die Regel. Als ich einmal nach Bonn zu einem Auftritt bei einer Paneldiskussion eingeladen wurde, konnte der Kontrast beispielsweise nicht größer sein: Wirklich alle Teilnehmer der Veranstaltung trugen grau und hielten sich damit an die unausgesprochene Forderung, Business-Look zu tragen. Ich hingegen trug ein buntes T-Shirt, das obendrein von der Anreise zerknittert war. Weil ich mir wie der sprichwörtliche bunte Hund vorkam, machte ich daraus eine Story auf Instagram. Zu meiner großen Verwunderung bekam ich überwiegend positives Feedback. Viele sagten, dass sie es gut fänden, dass ich mich nicht verstellt hätte und die Kleidung trug, die zu mir passte, anstatt mich allen anderen anzupassen.

Ein mutiger Signature Look kann durchaus auch innerhalb von Unternehmen eine positive Funktion erfüllen. Mein Tipp angesichts der eher konservativ geprägten Geschäftswelt wäre, sich hier nach und nach vorzutasten. Auch ich habe nicht von einem Tag auf den anderen meinen Look vollständig umgestellt, sondern habe Stück für Stück ausprobiert, was wirklich zu mir passt. Kleidung kann durchaus als ein Mittel verstanden werden, um Aufmerksamkeit auf etwas zu lenken und mit Erwartungen zu spielen – je nach Kontext sollten die sozialen Normen natürlich im Hinterkopf behalten werden. Es gibt durchaus Situationen, in denen es ratsam ist, einen explizit gewünschten Dresscode einzuhalten. Mal abgesehen davon betrachte ich Kleidung als etwas, das einen Teil unserer Persönlichkeit ausdrückt. Da ich ein lebensfroher Mensch bin, fühle ich mich in bunter Kleidung wohl und empfinde sie als Ausdruck meiner Haltung. Kleidung kann eine Botschaft unterstreichen. Ein Signature Look sollte so gestaltet sein, dass du dich in deinem Outfit wohlfühlst und Spaß daran hast.

» Kleidung sollte keine Verkleidung sein, die dir dabei hilft, jemand zu sein, der du nicht bist. Nutze deinen Kleidungsstil dazu, um deine Personal Brand zu unterstreichen.

Deine Kleidung ist ein Teil deines Instrumentariums, um deine Geschichte zu erzählen. Ganz direkt funktioniert dies auch über Statement Shirts. Diese wurden in den letzten Jahren immer beliebter und bieten eine gute Möglichkeit, mit jedem Bild eine weitere Botschaft zu kommunizieren. Lass also deine Kleidung sprechen – auf die eine oder die andere Art und Weise.

Auch fürs Storytelling gilt: Weg von der Perfektion

Ähnlich meiner Gedanken im vorherigen Kapitel glaube ich auch, dass hinsichtlich des Storytellings Perfektion nicht zum Ziel führt. Inhalte, Natürlichkeit und Persönlichkeit zählen hier sehr viel mehr. Das möchte ich am Beispiel einer Video-Aktion verdeutlichen, die wir vor kurzem bei Global Digital Women durchgeführt haben. Bei der Aktion ging es darum, dass an 365 Tagen 365 Frauen sich in Form eines kurzen Videos vorstellen sollten. Die Videos konnten kurz sein und sollten im Wesentlichen die drei folgenden Punkte umfassen: Wer bin ich? Was mache ich? Wofür stehe ich? Eine Gründerin meldete sich mit ihrem Video von der Ostsee. Sie nahm einfach ihr Handy und filmte sich, während sie sprach. Weil der Wind heftig wehte, war sie fast nicht zu verstehen. An einer Stelle stolperte sie sogar fast. Trotz all der technischen Makel und kleinen Malheurs erreichte das Video mehr als 60 000 Menschen. Im Gegensatz dazu lieferten andere Teilnehmerinnen technisch professionelle Videos, die im Studio aufgenommen wurden, perfekt ausgeleuchtet und in jeder Hinsicht toll produziert waren. Was diesen Videos jedoch manchmal fehlte: Natürlichkeit. Die Produktion unterstrich vielmehr die Botschaft, die in Videos wie diesen transportiert wird: »Ich bin bereits bekannt.« Die Reichweite zum Vergleich: 4 000. Mit diesem Beispiel will ich vor allem deutlich machen, wie wichtig deine Botschaft und deine Positionierung ist. Sobald diese erst einmal steht, gibt es kein Halten und keine Hürden mehr. Du brauchst auch keine Profikamera, um Videos oder Fotos zu machen. Die meisten Smartphones sind mit allem ausgestattet, was man dafür braucht. Oft sind es gerade die ungeschminkten und echten Momente, die besonders spannend sind und uns nachhaltig in Erinnerung bleiben. Einer der Gründe dafür ist die dadurch zum Ausdruck gebrachte Nahbarkeit, die zu einem gewissen Anteil auch durch das Medium selbst hergestellt wird. Für viele sind die Storys auf Instagram oder der Twitter-Feed tägliche Begleiter. Dadurch sind uns die Personen, die uns dort begegnen, vertraut. Ein natürlicher und nahbarer Stil beim Storytelling unterstreicht dies zusätzlich. Weg vom Perfektionismus heißt für mich in diesem Zusammenhang aber vor allem eines: Alles ist erlaubt! Es gibt keine festen Story-Muster, an die du dich unbedingt halten musst. Vielmehr steigt mit einer ungewöhnlichen, unkonventionellen Herangehensweise die Wahrscheinlichkeit, anderen im Gedächtnis zu bleiben. Ich denke, dass bei allen Techniken und Methoden, die im Bereich Personal Branding empfohlen werden, viel zu oft der menschliche Aspekt verloren geht. Dabei sind es gerade Eigenschaften wie Menschlichkeit, Aufrichtigkeit, Nahbarkeit und Natürlichkeit, die es anderen einfach machen, sich zu identifizieren, mitzufühlen oder sich zu vernetzen.

Challenge: Stell dich vor

Die wichtigste Story, die du erzählen können musst, trägt den Titel »Wer bin ich?«. Um deine Personal Brand zu schärfen, frage dich: Wie willst du von anderen wahrgenommen werden? Stell dir vor, du bist auf einer Party eingeladen, bei der du nur die Gastgeberin kennst. Wie würde diese dich vorstellen?

Das ist ________________________. Wenn du mit jemandem über das Thema ______________________ sprechen möchtest, dann bist du bei ____________________ genau an der richtigen Adresse. Niemand kann dir so gut _________________ erklären wie ___________________.

Was würdest du dir wünschen, was über dich gesagt wird?

IN ALLER KÜRZE:

In diesem Kapitel habe ich gezeigt, mit welchen Mitteln du dein Social Me sichtbarer machst, wie du deine Geschichte erzählst, deine Themen setzt und deine Positionen passend auf den Kanälen deiner Wahl platzierst. Die Platzierung in den Social Media hat allerdings auch Tücken. Hier sind strategisches Vorgehen und Storytelling-Skills gefragt. Aufgrund des Überangebots an Plattformen ist es zudem wichtig, nicht überall gleichzeitig zu starten. Hast du dich aber erst einmal entschieden, kann es richtig losgehen. Zudem hast du erfahren, welche Rolle Kleidung beim Personal Branding spielt und wie du zu deinem Signature Look kommst. Und zu guter Letzt gilt auch hier: Natürlichkeit siegt!

KAPITEL 6

KENNE DEIN PUBLIKUM
Die Tonalität entscheidet: Kamingespräch statt Megafon

Du hast dein Thema gefunden und deinen Markenkern bestimmt. Wie trägst du nun deine Botschaft nach draußen? ALLES IN GROẞBUCHSTABEN und ganz viele Ausrufezeichen? Bevor du die Feststelltaste drückst, solltest du dich mit deinem Publikum etwas ausführlicher beschäftigen. Wenn du die Frage klärst: »Wen möchte ich erreichen?«, klärt sich die Frage nach dem Wie fast von selbst. Neben den Storytelling-Skills, die das Wie entscheidend mitprägen, ist die Tonalität einer der entscheidenden, aber auch einer der am schwierigsten zu greifenden Aspekte der Kommunikation. Natürlich zählt auch die Polarisierung zur Tonalität dazu. Gerade in der Politik gehört die Zuspitzung zum Handwerkszeug. Und auch wenn uns diese Art zu sprechen nur zu gut bekannt ist, sollten wir uns Politiker*innen nicht unbedingt zum Vorbild nehmen, wenn es um Tonalität geht. Viele Menschen unterschätzen aktuell, welche Folgen ein falscher Ton in einem Tweet oder einem Kommentar wirklich haben kann. Ebenso häufen sich Geschichten von Begegnungen, bei denen die Verfasser*innen von Hasskommentaren auf ihre Opfer treffen. War dann natürlich alles nicht so gemeint. Es ist leicht, sich im Ton zu vergreifen, aber schwer, für die Konsequenzen geradezustehen, die daraus folgen können. Als ich eine meiner Kolumnen, in der es um die »HR als Herzstück von Unternehmen« ging, bei LinkedIn gepostet habe, fand sich darunter bald ein provokativer Kommentar. HR-Abteilungen (Personalabteilungen) seien doch vielmehr das Krebsgeschwür von Organisationen. Im Regelfall reagiere ich nicht auf Kommentare und Bemerkungen, die nicht konstruktiv sind. Da mir in diesem Fall der Verfasser jedoch bekannt war, sprach ich ihn in einer privaten Nachricht auf seinen Kommentar an. Ich wollte wissen, was er damit bezwecken wollte und warum er sich öffentlich in dieser Art über HR-Abteilungen äußert. Schließlich arbeitet er selbst in einem Unternehmen, in dem es eine solche Abteilung gibt. Man möge sich ausmalen, wie das nächste Treffen abläuft, wenn die Mitarbeiter*innen diese Äußerung ebenfalls gelesen haben. So weit kam es zum Glück nicht, weil sich der Verfasser dafür entschieden hat, den Kommentar dann doch zu verändern und abzuschwächen.

Der Laut-und-leise-Test

In der eigenen Positionierung gibt es die Möglichkeit, besonders laut auf die eigenen Themen aufmerksam zu machen – oder eher leise. Laut bedeutet: sich in jede Diskussion rund um die eigenen Themen um der Sichtbarkeit willen einzubringen. Mit leise ist gemeint, eher in einem »geschützten« Raum, beispielsweise in einer Gruppe auf Xing, LinkedIn oder Facebook, die sich an einen kleinen Kreis von Expert*innen richtet, auf die eigenen Themen hinzuweisen.

Es ist nicht einfach, immer den richtigen Ton zu treffen. Doch egal ob du dich mündlich oder schriftlich äußern willst – für beide Fälle gibt es ein ähnliches Bild, das mir immer sehr dabei geholfen, meine Tonalität zu überprüfen:

- Wenn du **schriftlich** etwas mitteilen willst, dann frag dich, ob du das, was du sagst, auf ein großes Plakat drucken würdest, um es an einer Bushaltestelle aufzuhängen, wo es alle Leute lesen können.
- Wenn du dir nicht sicher bist, ob du etwas wirklich auf eine bestimmte Art und Weise **sagen** sollst, dann stell dir vor, du stündest in einem Bus voller Leute, die du nicht kennst – würdest du es in dieser Situation genauso aussprechen?

Das Internet, die Kommentare und der Hass

Ich weiß nicht wirklich warum, aber glücklicherweise halten sich die von Hass erfüllten Kommentare und Bemerkungen unter meinen Beiträgen in Grenzen. Aber selbst, wenn dort mal Dinge stehen, die sich gegen mich richten, ignoriere ich sie vollständig. Besonders aufdringliche Profile – ob Bot oder nicht – lassen sich zum Glück blockieren. Die Erfahrung zeigt aber, dass sich online ausfällige Menschen bei echten Begegnungen nicht so äußern würden. Ein Social Me ist immer auch eine Projektionsfläche, die Menschen dazu nutzen, um ihre Negativität zu kanalisieren. Ich bin davon überzeugt, dass man sich davon nicht einschüchtern lassen darf. In meinen Workshops höre ich allerdings immer wieder, dass viele Menschen Social Media meiden oder einzelne Kanäle wenn überhaupt nur passiv nutzen, weil sie Angst vor solchen Kommentaren haben. Sie sind gehemmt, weil sie sich schon während des Schreibens Gedanken machen, was andere Leute darüber denken werden oder dazu schreiben könnten. Darum zensieren sie ihre eigenen Beiträge so sehr, dass diese am Ende zwar keine Angriffsfläche mehr bieten, aber auch keinen spannenden Inhalt mehr.

Ich habe sehr früh gelernt, zwischen mir als Person, meinen Standpunkten und den Reaktionen der Menschen auf mich zu unterscheiden. Das liegt vor allem daran, dass ich in meiner Zeit in der Politik für alles Mögliche verantwortlich gemacht wurde. Im Straßenwahlkampf wurde ich regelmäßig auf die Politik von Angela Merkel angesprochen und zum Teil dafür verantwortlich gemacht. Wohlgemerkt: Ich kandidierte damals für die FDP. Für viele Menschen spielen solche Details aber keine Rolle. Politiker*innen stecken schließlich irgendwie alle unter einer Decke. Auch für die Politik von Guido Westerwelle, der immerhin in derselben Partei war, wurde ich immer wieder mitverantwortlich gemacht und durfte mir einiges an Kritik anhören. Damals habe ich gelernt: Die Wut, die viele Menschen empfinden und äußern, hat nicht unbedingt etwas mit mir als Person zu tun – selbst wenn ich ihre Ansprechpartnerin bin.

> **!** Abstrahiere immer zwischen Botschaft und Adressat*in. Es ist nicht zwangsläufig so, dass du als Person gemeint bist, wenn sich negative Kommentare oder abfällige Bemerkungen unter deinen Beiträgen und Äußerungen finden.

Wenn es darum geht, den richtigen Ton zu treffen, ist Selbstvertrauen gefragt. Die gute Nachricht lautet: Dieses nimmt im Lauf der Zeit von ganz allein zu, je öfter du dich äußerst oder zeigst. Auch das Feedback von Freund*innen und Menschen, deren Meinung du respektierst, hilft dir dabei, deine Tonalität zu finden.

> **!** Nicht jede Form von Feedback ist wertvolles Feedback. Insbesondere für die Kommentarspalten im Netz solltest du eine Sensibilität für den wahren Gehalt von kritischen Bemerkungen entwickeln.

Gerade im Netz ist der Tonfall immer häufiger unsachlich und unangemessen. Jede*r, die bzw. der sich im Internet präsentiert, wird es früher oder später merken: Die Kommentarspalten werden dazu genutzt, um Dampf abzulassen. Beschimpfungen und Beleidigungen gehören dort leider zur Tagesordnung. Warum dies so ist, lässt sich leicht erklären – allerdings machen diese Erklärungen das Verhalten keineswegs besser und bieten in der Regel auch keine Lösung für das Problem. Im Gegensatz dazu halte ich viel davon, von den für diese Situationen entwickelten technischen Möglichkeiten Gebrauch zu machen. Mein Rat: Wenn Menschen im Internet sich dir gegenüber abwertend und beleidigend äußern, sperr ihr Profil und melde in gravierenden Fällen den Kommentar. Diskussionen führen in den seltensten Fällen zu einer Klärung, weil es häufig gar nicht um die Sache geht. »Don't feed the troll!«, wie es so schön heißt. Sprich: Je mehr Angriffsfläche man Menschen bzw. den sogenannten Trollen, die ohnehin nur Provokation oder die Verbreitung von Verschwörungstheorien im Sinn haben, bietet, desto mehr fühlen diese sich bestätigt. Wer ernsthaft gegen Verschwörungstheorien argumentiert, bestätigt schließlich irgendwie, dass an ihnen was dran ist.

> » Niemand sollte sich von dem Tonfall anstecken lassen, der in den Kommentarspalten teilweise vorherrscht.

Mein radikaler Gegenvorschlag zur Verrohung der Sprache im Netz: Man stelle sich einfach vor, dass man gemeinsam mit seinem Gegenüber am Kamin sitzt und sich unterhält. In dieser Situation gibt keinen Grund, sich anzuschreien, in ein Megafon zu brüllen oder unhöflich zu werden.

Respekt vor dem Publikum

Deine Tonalität sollte insbesondere berücksichtigen, an wen du dich mit deiner Botschaft richtest. Im unternehmerischen

Kontext sind ein paar humorvolle Bemerkungen sicher gut, um das Eis zu brechen. Dennoch ist es fraglich, ob permanente Ironisierung und komische Pointen hier auf Dauer zu einem in der Regel ernsthaft verfolgten Anliegen passen. Eine kleine Fußnote zu diesem Thema: Ich muss feststellen, dass Ironie immer weniger verstanden wird. Wenn die entsprechende Passage in einer Mail beispielsweise nicht durch »Ironie Anfang« und »Ironie Ende« im Text markiert ist und kein zwinkerndes Emoticon auf einen ironisch gemeinten Satz folgt, erzeugt man häufig Verwirrung, Irritation oder Schlimmeres. Einmal rief mich eine Kollegin ganz bestürzt an, um mich zu fragen, ob ich sauer auf sie bin. Dabei war ich einfach nur im Taxi auf dem Weg zum Flughafen und hatte schlicht keine Zeit für Höflichkeitsformeln und erläuterndes Beiwerk. Da es nur eine Zeile war, die ich als Antwort geschrieben hatte, konnte ich ihr nicht wirklich vorwerfen, dass sie nicht zwischen den Zeilen gelesen hatte. Aber wer mich kennt, müsste wissen, dass ich nicht einfach so ausfällig werde. Das mit der Ironie lasse ich in Zukunft trotzdem sein.

Neben dem Respekt vor dem Publikum finde ich es auch hilfreich, einen gewissen Respekt vor dem Netz zu haben. Denn alles, was getwittert werden kann, wird auch getwittert werden. Das heißt auch: Alles ist zitierbar. Jede Äußerung sollte so formuliert sein, dass sie dir am Ende des Tages nicht auf die Füße fällt. Für viele Menschen, die zum ersten Mal auf Twitter unterwegs sind, ist dies die größte Herausforderung. Fettnäpfchen lauern schließlich an jeder Ecke. Viele reagieren darauf mit Verunsicherung und Angst. Zurückhaltung oder gar die vollständige Verweigerung dieses Kanals halte ich für die falsche Konsequenz. Ich rate vielmehr dazu, diesen Umstand der

Zitierbarkeit positiv zu nutzen. Ich hinterfrage immer wieder selbstkritisch meine eigenen Aussagen dahingehend, ob und welche Messages Twitter-fähig sind. Kann ich etwas noch besser auf den Punkt bringen? Die Gefahr, die dabei unterschwellig immer mitschwingt, ist die der Übertreibung oder Überspitzung.

Über digitale Kommunikation und digitale Distanz

Um das schon mal vorab klarzustellen: Ich halte die Digitalisierung für einen Segen. Insbesondere im Zusammenhang mit Personal Branding und Networking stehen uns heute durch das Internet neue Möglichkeiten zur Verfügung, die im wahrsten Sinne unglaublich sind und denen ich sehr viel verdanke. Zwar haben wir uns längst an die Reichweite gewöhnt, die uns insbesondere die Social Media bieten – ich bin aber nach wie vor immer wieder aufs Neue begeistert, wenn ich einfach eine*n CEO über Twitter anschreiben kann und nach kurzer Zeit tatsächlich eine persönliche Antwort bekomme.

Nach dieser kurzen Lobhudelei kommt natürlich erst einmal das große Aber. Denn durch die digitalen Kommunikationsmöglichkeiten – allen voran aufgrund von E-Mails – hat sich die Kommunikationskultur drastisch verändert. Das hat mehrere Gründe. Zum einen hat sich das Kommunikationsaufkommen vervielfacht. Genau genommen hat es explosionsartig zugenommen. Für viele Menschen stellt dies eine Überforderung dar. Zum anderen können wir sehr viel einfacher über große Distanzen hinweg kommunizieren. Wenn heute von Reichweite die Rede ist, wird dies oft nur in Bezug auf die Menge der Menschen gemünzt, die über die Social Media erreicht werden kann. Aber Reichweite ist eben auch geografische Reichweite. Dies führt dazu, dass uns der Kontext unseres Gegenübers ein Stück weit verloren geht. Nicht zuletzt haben die neuen Formen der digitalen Kommunikation dazu geführt, dass sich unsere Kommunikationskultur verändert hat. Besonders die jüngeren Generationen sind unsicher, welche Form der Ansprache sie in einer E-Mail verwenden sollen. Zudem wird durch die Menge der täglichen Nachrichten nur noch das Nötigste kommuniziert. Alles in allem führt das dazu, dass sich Missverständnisse häufen. Die richtige Tonalität ist damit letzten Endes nicht nur eine Frage der Form, sondern ein fundamentales Prinzip unserer Kommunikation.

Eine*n Kolleg*in, die zwei Etagen tiefer sitzt, kann ich theoretisch während der Mittagspause treffen. Gab es ein Missverständnis, lässt sich das leicht klären. Auch was unsere Sozialisation betrifft, sind sie und ich uns bestimmt näher als ein*e Kolleg*in, die in der Tochtergesellschaft in Shanghai oder San Francisco sitzt. In jene können wir uns zum Teil sehr viel schwerer einfühlen. Missverständnisse lassen sich in diesem Fall schon allein deswegen nicht ganz so einfach aus dem Weg räumen, weil man sich in der Regel sehr selten oder gar nicht begegnet. Erschwerend hinzu kommt ein weiteres Phänomen, das von Thomas Allen bereits 1977 in seinem Buch *Managing the Flow of Technology* wissenschaftlich beschrieben und nachgewiesen wurde. Die nach ihm benannte Allen-Kurve besagt: Je weiter wir uns räumlich voneinander entfernt befinden, desto seltener kommunizieren wir miteinander. Diese Gesetzmäßigkeit bleibt auch dann erhalten, wenn wir das Kommunikationsverhalten mit den modernsten Mitteln betrachten. Das belegt eine Studie von Ben Waber, die auf der von Allen aufbaut und sie für das digitale Zeitalter erweitert.

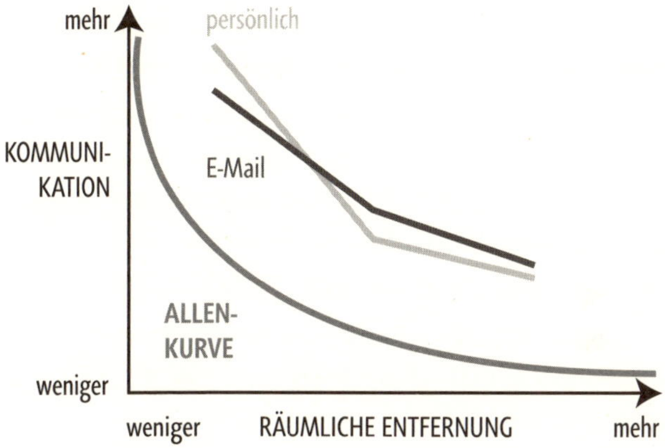

nach einer in Harvard Business Manager erschienenen Grafik

Es ist leicht vorstellbar, wie die Social Media diese Zusammenhänge auf den Kopf stellen. Schließlich wenden wir uns sowohl an Menschen, denen wir nie im Leben begegnen werden, als auch an solche, die uns ganz nah sind. Um nicht missverstanden zu werden: Ich selbst bin ein großer Social-Media-Fan und Twitter ist bei mir immer nur einen Handgriff beziehungsweise einen Wisch weit entfernt. Dennoch kommt die Social-Media-Welt mit ihren ganz eigenen Tücken daher, und der Umgang damit ist nicht in all seinen Facetten selbsterklärend. Digitale Distanz verstehe ich in diesem Zusammenhang als etwas, das man zwingend lernen muss, wenn man die digitalen Kanäle langfristig, nachhaltig und positiv für sich nutzen möchte. Gerade am Anfang bezieht man alles auf sich selbst und nimmt bestimmte Dinge sehr viel persönlicher, als sie vielleicht gemeint sind. Auch kennen wir scheinbar Menschen, ohne sie wirklich zu kennen. Spätestens seit dem Siegeszug der Insta-Storys, über die Menschen ihre ganze Lebensgeschichte erzählen, sind wir hautnah am Leben der anderen dran. Und doch begegnet man ihnen im echten Leben in vielen Fällen nie.

Ein eng damit verknüpftes Phänomen, das sich in den Social Media nur zu oft beobachten lässt, ist der abrupte Umschlag von Liebe in Hass. Dieses Phänomen ist besonders stark ausgeprägt, wenn Personenmarken zum Objekt der Zuneigung werden. Hier lösen die digitale Distanz und Unerreichbarkeit unrealistische Erwartungen oder Wunschfantasien aus. Dabei muss dies nicht einmal durch eine Äußerung oder Aktion bewusst intendiert oder auch nur angedeutet gewesen sein. Vielmehr stellt sich dies durch die fehlende Relativierung, die es bei Begegnungen im analogen Leben gibt, wie von selbst ein.

> Mach dir immer bewusst: Ob du es willst oder nicht – dein Social Me bietet für andere eine Identifikationsfläche. Alles, was du berichtest, (er)leben andere mit.

Deine Follower*innen wissen sehr viel über dich, während du manchmal sehr wenig über sie weißt. Das muss ich immer wieder am Rande von Veranstaltungen feststellen. Wenn ich dort von Menschen angesprochen werde, die mir schon lange über

Instagram oder Twitter folgen, stellt sich bei mir das irritierende Gefühl ein, dass mein Gegenüber nahezu alles über mich weiß, während ich die Person gerade zum ersten Mal im Leben sehe. Das Tolle ist: Aus solchen Begegnungen können interessante Gespräche und wertvolle Kontakte entstehen.

Dass man nicht all seine Follower*innen kennt, ist aber eher die Regel als die Ausnahme und liegt in der Natur der Sache: Es gibt sehr viel mehr Twitter- oder Instagram-Accounts als aktive Nutzer. Ein großer Teil derjenigen, die sich anmelden, werden selbst nicht unbedingt aktiv – wobei dieser Umstand jedoch nicht gleichbedeutet damit ist, dass sie nicht trotzdem alles mitbekommen. Dazu gleich noch mehr. Viele Menschen melden sich bei den digitalen Plattformen einfach nur an, um den dort angebotenen Content zu konsumieren oder ihren favorisierten Celebrities zu folgen. Ich musste mich beispielsweise auch erst nach und nach daran gewöhnen, dass mir auch Katzenprofile folgen oder mich Leute mit Profilnamen wie Hitmeister583 geradezu stalken. Besonders unheimlich finde ich Nachrichten von Profilen ohne Klarnamen und unkenntlichen Avataren als Bild, die mich kurz und knapp wissen lassen: »Ich folge Ihnen.« Einmal habe ich mir die Mühe gemacht und zurückgefragt: »Wer sind Sie denn?« Die Antwort brachte uns allerdings nicht wirklich näher, sondern verstärkte meine Beunruhigung, denn sie lautete: »Ich bin ein Niemand.« Mindestens ebenso sehr bin ich irritiert, wenn manche Nutzer*innen davon ausgehen, dass ich sie kennen müsste, weil sie mir ja schließlich folgen. So erreichte mich einmal eine erboste Nachricht, warum ich mich denn nicht mal endlich persönlich melden würde. Ich war verwirrt. Wenige Minuten später folgte die Begründung. In schroffem Ton wurde ich darüber in Kenntnis gesetzt, dass die Person mir seit Monaten folgen würde und jeden einzelnen meiner Posts und Kommentare mit einem Like unterstützt hätte. Nun wäre es doch schließlich meine Pflicht, auch sie zu unterstützen und damit meine Dankbarkeit zum Ausdruck zu bringen.

Aber Profile und Verhaltensweisen wie diese gehören nun mal zur Normalität des Social-Media-Universums, und man muss sich bewusst machen, dass alles beobachtet und gespeichert wird. Das heißt, dass nicht nur alles von den Plattformbetreibern für die digitale Ewigkeit gespeichert wird. Auch Nutzer*innen und Follower*innen haben ein ausgeprägtes Gedächtnis, wenn es um Fehltritte geht. Selbst wenn ein problematischer Tweet fünf Minuten später wieder gelöscht wird – irgendjemand hat ihn bestimmt schon gesehen und als Screenshot für die Nachwelt konserviert. Wer sich einmal im Ton vergriffen hat, dem wird dies eine gefühlte Ewigkeit lang vorgeworfen. Auch ein Like, der missverständlich sein könnte, wird registriert und thematisiert. Aus diesem Grund überlege ich beispielsweise tatsächlich in jedem einzelnen Fall sehr genau, ob ich etwas like oder es vielleicht doch lieber sein lasse.

Wer Social Media nutzt, muss wissen: Alles wird gespeichert, registriert und im Zweifelsfall gegen dich verwendet. Mach dir diese Tatsache bewusst und lass sie in die Überlegungen zur eigenen Tonalität miteinfließen. Gleichzeitig gilt: Lass dich davon auch nicht verrückt machen, sondern lerne, eine natürliche Distanz zum Digitalen einzunehmen.

Zu den Gepflogenheiten auf Social Media gehört auch die zum Teil exzessive Verwendung von Emojis. Dabei gibt es grundsätzlich zwei Herausforderungen: Erstens werden Emojis in vielen Fällen nicht richtig verstanden, oder die eigentliche Bedeutung wird umgedeutet, und zweitens stellt sich die Frage, wann Emojis zur Tonalität einer Marke beziehungsweise zum Zielpublikum passen.

Dass Emojis missverständlich sind, hat wiederum mehrere Gründe. Zum einen liegt es daran, dass dieselben Emojis je nach Smartphone-Hersteller unterschiedlich aussehen und unterschiedliche Assoziationen wecken. Ein einheitlicher Unicode steht zwar hinter allen einzelnen Symbolen, trotzdem liegen die verschiedenen Interpretationen zum Teil sehr weit auseinander. Damit hören die Schwierigkeiten aber nicht auf. Auch einzelne Emojis selbst werden von den meisten Nutzern umgedeutet und im Grunde genommen falsch verwendet. Dazu eine kleine Rätselaufgabe: Was stellen die folgenden Emojis dar?

Was stellt dieses Emoji dar? Wut oder Triumph?

Was steckt hinter Unicode U+F616?
Stress? Enttäuschung? Verzweiflung? Wut? Bestürzung?

Na? Verwendest du die Emojis richtig? Dann kommen wir noch zum krönenden Abschluss in dieser Kategorie zu Emojis, die man gar nicht richtig verstehen kann, weil sie eine völlig neue Bedeutung bekommen haben. Von verbotenen Früchten möchte ich an dieser Stelle erst gar nicht sprechen. Aber nehmen wir zwei Handzeichen, die entgegen ihrer eigentlichen Bedeutung fast immer anders verwendet werden. Mit dem folgenden Handzeichen wird beispielweise meist »Rock on« oder »Rock 'n' Roll« kommuniziert …

… in Wirklichkeit heißt es aber »Ich liebe dich«. In der Gebärdensprache steht dieses Handzeichen für »I love you« und heißt darum auch ILY-Zeichen.

Eine weitere Umdeutung hat das O.K.-Zeichen erfahren, weshalb es seit kurzer Zeit in den Kanon der Hass-Symbole aufgenommen wurde. Denn das W, das von Mittel-, Ring- und kleinem Finger gebildet wird, steht in der Ultra-Rechten-Szene für »White Supremacy«, also für die rassistische Theorie von der Überlegenheit der Weißen:

Die Liste an fälschlich verwendeten, missverständlichen oder umgedeuteten Emojis ist sicher nicht unendlich lang. Aber dass Emojis nicht zwangsläufig zur Erleichterung der Kommunikation beitragen, sollte man zumindest mal gehört haben, wenn man welche verwendet. Zudem finde ich es wichtig, nicht automatisch davon auszugehen, dass jemand unhöflich ist, der keine Emoticons verwendet.

> » Emojis in beruflichen Mails sind inzwischen Normalität. Geh aber nicht davon aus, dass eine Nachricht unhöflich ist, nur weil nicht am Ende jeder Zeile ein Smiley steht.

Damit kommen wir zu der Frage, ob Emojis zur Tonalität einer Personal Brand beziehungsweise zu deren Zielpublikum passen. In einem Workshop wurde ich mal gefragt, ob Smileys bei Posts auf LinkedIn generell in Ordnung sind.

Generell finde ich diese Frage schwer zu beantworten. Wenn es zum Sound deines Social Mes passt, spricht überhaupt nichts dagegen, auch bei LinkedIn Smileys oder andere Emoticons zu verwenden. Eine gute Faustregel lautet, dass deine digitale Kommunikation sich nicht grundlegend von deinem Ton im echten Leben unterscheiden sollte. Wenn du offline eher sachlich bist, solltest du nicht versuchen, zum Ausgleich besonders viele Emojis in Mails oder Posts zu verwenden. Leg stattdessen stets Wert auf Konsistenz und Wiedererkennbarkeit.

Empathie – eine Schlüsselqualifikation, die sich lernen lässt

Vor diesem Hintergrund wird deutlich, warum Empathie als eine der Schlüsselqualifikationen des digitalen Zeitalters gehandelt wird. Die Fähigkeit, das zu verstehen, was in anderen vorgeht, ist in diesem Kontext unschätzbar wertvoll. Führungskräfte, die auf der ganzen Welt verstreut operieren, müssen wissen, wie sie auch über große Entfernungen hinweg mit ihren Mitarbeitenden in Kontakt bleiben können, und was diese bewegt. Empathische Menschen tun sich sehr viel leichter, den richtigen Ton zu treffen, weil sie ihr Gegenüber gut einschätzen können. Denn empathisch zu sein bedeutet nicht, wie es oft interpretiert wird, die eigenen Überzeugungen aufzugeben. Vielmehr bedeutet es, einen anderen Menschen mit seiner Geschichte und seiner Sozialisation zu sehen und zu verstehen. Selbst wenn sich zwei Menschen mit unterschiedlichen Überzeugungen am Ende des Tages vielleicht nicht verstehen werden, so hilft Empathie dabei, sich anzuerkennen und austauschen zu können. Meiner Erfahrung nach sind viele Menschen davon überzeugt, dass man Empathie entweder hat oder eben nicht. Einfühlungsvermögen ist aber nichts, das jemandem von Natur gegeben sein muss – es kann erlernt werden. Das heißt leider im Umkehrschluss auch, dass empathisches Verhalten auch abtrainiert werden kann. Im Zweifelsfall genügen jedoch wenige Fragen, um von seinem Gegenüber zu erfahren, was in ihr oder ihm vorgeht.

Du bist keine Pressemitteilung

Ich verspreche, dass ich gleich fünf Euro ins Phrasenschwein werfe, aber es stimmt eben einfach: Übung macht den Meister. Heute weiß ich, wie ich bestimmte Sachverhalte in Worte fasse. Inzwischen habe ich das Vertrauen in mich entwickelt zu wissen, wie ich etwas sagen muss. Früher war das ganz anders. Auch wenn ich es heute selbst kaum mehr glauben kann, aber ich war die längste Zeit meines Lebens introvertiert. Ich hielt mich lieber einmal mehr zurück, als mit meiner Meinung vorzupreschen. Wenn ich mich trotzdem in einer Situation wiedergefunden habe, in der ich öffentlich sprechen musste, habe ich mich penibel vorbereitet. Einfach, um sicherzugehen, dass ich mich nicht bis auf die Knochen blamiere. Da ich sichergehen wollte, dass meine Worte auch wirklich richtig ankommen, habe ich es aber nicht bei der Vorbereitung belassen. Nachbereitung war für mich die längste Zeit mindestens ebenso wichtig wie eine gute Vorbereitung. Ich war immer darum bemüht, auch später etwas klarzustellen, was vielleicht missverständlich oder ambivalent war. Dafür ist es wichtig, ein Netzwerk zu haben und dieses zu pflegen. Das erleichtert es, all diejenigen, die für dich und dein Anliegen wichtig sind, schnell zu informieren. Mit diesem Thema beschäftige ich mich noch sehr viel ausführlicher im Kapitel über Krisen und Krisenmanagement.

Auch wenn ich eine große Verfechterin von Vorbereitung und Nachbereitung bin, gebe ich gerne zu, dass es keine ultimative Kontrolle gibt. Ich musste mir irgendwann zugestehen, dass man nicht alles kontrollieren kann und auch nicht alles kontrollieren sollte. Denn wenn man sich zu sehr um alle Aspekte des eigenen Narrativs kümmert, geht irgendwann die Leichtigkeit verloren. Es muss auch mal in Ordnung sein, wenn man etwas Doofes sagt und es einfach stehen lässt. Hier muss jede*r selbst für sich herausfinden, welches Maß an Imperfektion verträglich ist. Wer hier zu wenig oder keinen Spielraum für Fehler zulässt, läuft Gefahr, nicht mehr als Social Me wahrgenommen zu werden, sondern als Pressemitteilung oder als glatt poliertes Instrument zum Social Selling.

» Die Tonalität sollte deine Persönlichkeit reflektieren. Du bist keine Pressemitteilung.

Es gehört sehr viel Mut dazu, zu Missgeschicken und kleinen Makeln zu stehen. Die Angst, von anderen deswegen verurteilt zu werden, sollte nicht dazu führen, sich zu stark zurückzuhalten. Manchmal entscheide ich mich bewusst dafür, einen Makel zum Teil meines Social Mes zu machen. Es gibt aber auch Fälle, in denen Fehler und Missgeschicke einfach passieren – natürlich immer in den unpassendsten Momenten. So zum Beispiel, als ich bei einer Veranstaltung in Frankfurt am Main die Eröffnungs-Keynote halten und über meine Gedanken zur Zukunft der Arbeit sprechen sollte. Mir fiel »es« schon auf, als ich noch ganz nervös in der ersten Reihe saß und wartete, dass die Veranstaltung losging. Eine gewisse Grundnervosität habe ich bei solchen Ereignissen eigentlich immer. Da ich solche Events inzwischen jedoch schon ein paarmal mitgemacht habe, geht es mittlerweile. Schlimm wird es nur, wenn andere um mich herum nervös sind – beispielsweise die Veranstalter*innen selbst oder die Mitarbeiter*innen von Eventagenturen. In diesem Fall lag es aber tatsächlich auch an der schieren Größe des Raums und der Anzahl der Zuhörer*innen. Der Saal wirkte schon beeindruckend, als er noch leer war – und umso mehr, als er plötzlich randvoll wurde. Während ich für meinen Auftritt verkabelt wurde, fiel es mir auf: In meiner Hose war ein Riss. Und zwar an einer Stelle, die ich nicht einfach mit einem anderen Kleidungsstück überdecken konnte. Natürlich hat man in dieser Situation keine Sicherheitsnadel dabei. Und es war zu spät dafür, jemanden anderen zu bitten, eine zu besorgen. Also: Mut zur Lücke. Meine Notlösung war, dass ich wilder als sonst gestikulierte in der Hoffnung, so viele Blicke wie möglich von meinem Hosenbein abzulenken. Weil ich natürlich wissen wollte, wie auffällig das Loch war, habe ich später dann ein paar meiner Zuhörer*innen darauf angesprochen. Zu meiner großen Erleichterung erfuhr ich, dass meine Taktik aufgegangen war und niemand davon Notiz genommen hatte. Zumindest niemand von denen, die ich gefragt hatte.

! Du musst nicht von A bis Z durchgestylt sein. Fehler gehören zu uns als Menschen einfach dazu. Frag dich, welches Maß an »Unvollkommenheit« zu dir als Typ passt.

Unabhängig davon, wie ausgeprägt deine Toleranz gegenüber Peinlichkeiten ist, sollte deine Tonalität vor allem zu deiner Persönlichkeit passen. Wer versucht, zu sachlich an die Sache heranzugehen, riskiert als Person hinter einem Thema zu verschwinden. Frag dich genau, was deine Sprecher*innenposition ist und welcher Ton dazu passt. Wenn du nicht weniger willst, als die ganze Welt zu verändern, solltest du mit deinem Anliegen nicht hinterm Berg halten. Unternehmensintern sieht das sicher nochmal anders aus. Wenn gefühlt die eigene Karriere auf dem Spiel steht, halten sich viele zu stark zurück und trauen sich beispielsweise nicht, bei einer Veranstaltung etwas zu sagen. Dabei sind das oft genau die Momente, in denen es entscheidend wäre, die eigene Stimme zu nutzen und sichtbar zu werden. Das gilt nicht nur für Veranstaltungen, sondern auch für Gespräche. Überleg dir: Was willst du erreichen? Und wie erreichst du es? Mach dir bewusst, dass unter den Menschen, mit denen du sprichst, auch die Person sein könnte, die dich weiterbringen wird. Falsche Zurückhaltung ist hier fehl am Platz, und ich weiß, wovon ich rede. Denn es gibt zahlreiche Strategien, die gerne als Täuschungsmanöver genutzt werden, um die eigene Position nicht zu offen preisgeben zu müssen. Gerade im politischen und im unternehmerischen Kontext ist es vergleichsweise einfach, sich hinter einer Institution zu verstecken. Als ich noch für die FDP im Wahlkampf war, habe ich häufig gesagt, dass es sich bei dem einen oder anderen meiner Statements nicht um meine persönliche Überzeugung, sondern um eine Parteimeinung handle. Auf diese Weise konnte ich ganz einfach meinen eigenen Markenkern schützen und musste gleichzeitig nicht aus meiner Rolle fallen.

Mit all dem will ich nicht sagen, dass es nicht auch eine Personal Brand geben kann, deren Kennzeichen die leisen Töne sind. Ganz im Gegenteil. Zu manchen Themen passt eine gedämpfte Tonalität sogar besser. Oft sind es gerade diejenigen, die ihr Anliegen mit wenigen gewählten Äußerungen verfolgen, denen man am aufmerksamsten zuhört, wenn sie dann das Wort ergreifen.

> Die Tonalität deiner Brand trägt einen wesentlichen Anteil daran, ob und wann es dir gelingt, den nächsten Karriere-Step zu meistern.

Challenge: Finde deine Tonalität

Jetzt ist etwas Kreativität gefragt. Nimm dein Anliegen, deine Botschaft oder deine Vision und schreib sie in Form eines kurzen Statements auf. Geh dabei zunächst ganz intuitiv vor und schreib, ohne groß darüber nachzudenken, auf, was dir spontan in den Sinn kommt. Nun versuch, mindestens fünf, im Idealfall aber zehn verschiedene Variationen für dieses Statement zu finden. Bemüh dich jedes Mal, deinem Thema einen anderen Ton zu verpassen. Geh dann alle Varianten in Hinblick auf die Frage durch, welche Tonalität für dein Anliegen am besten geeignet ist. Überleg abschließend, wen du mit deinem Thema erreichen willst, und prüfe, ob die Tonalität auch zu deinem Publikum passt – von seriös und sachlich über flapsig und frech bis hin zu stilvoll, dynamisch oder modern.

Als kleine Inspiration:

- Mime den Trump und versuche dich in Übertreibung, Superlativen und lauten, schrillen Tönen.
- Geh ans andere Ende der Skala und beschreibe in leisen, differenzierten Tönen, worum es dir geht.

- Manchmal liegt die Wahrheit genau in der Mitte, und es ist nicht viel mehr nötig, als kurz und sachlich dein Anliegen zu beschreiben.
- Prüfe, ob du deinem Thema eine lustige Seite abgewinnen kannst.
- In der Kürze liegt bekanntlich die Würze – aber Vorsicht: Was zunächst einfach klingt, entpuppt sich als Herausforderung. Statt langer verschachtelter Sätze nutze nur kurze, prägnante Sätze. Damit vermittelst du Selbstsicherheit und verleihst deinem Anliegen ein gewisses Tempo.
- Du richtest dich an ein Fachpublikum? Dann achte darauf, dass alle wichtigen Fachbegriffe vorhanden und richtig verwendet sind.

IN ALLER KÜRZE:

Welche Tonalität passt zu welchem Thema? Welche Positionierung zu welchem Typ? In diesem Kapitel hast du erfahren, warum Selbstvertrauen das A und O für deine Marke ist und wie du zu eben diesem findest, wenn du es noch nicht hast. Wichtig bei allem, was du tust: Stell dir vor, du sprichst tatsächlich mit einem anderen Menschen, während ihr gemütlich am Kaminfeuer sitzt. Es gibt keinen Grund, sich anzuschreien, in ein Megafon zu brüllen oder unhöflich zu werden. Ein besonderes Augenmerk musst du dabei auf die Umgangs- und Verhaltensweisen in den Social Media legen. Es ist unerlässlich, sich mit den dort herrschenden Gesetzmäßigkeiten vertraut zu machen und eine gesunde Distanz zum Digitalen aufzubauen. Vergiss bei aller Begeisterung für die Möglichkeiten der digitalen Welt nie, dass es dir vor allem um etwas im echten Leben geht. Die richtige Tonalität kann beispielsweise für den nächsten Karriere-Step entscheidend sein. Frag dich dazu: Was willst du erreichen? Wen musst du dafür ansprechen? Und vor allem: Wie? Die Tonalität sollte sowohl deinem Thema als auch deinem Publikum angemessen sein.

KAPITEL 7

VORBILDER, MENTOR*INNEN UND NETZWERKE

Was du dir abschauen kannst – inklusive drei meiner liebsten Personenmarken

Meine wichtigsten Vorbilder sind ganz klar meine Eltern. Sie haben mich immer, soweit sie nur konnten, mit Rat und Tat unterstützt – und oft habe ich erst Jahre später realisiert, wie unschätzbar wertvoll sie für mich als Vorbilder waren und sind. Ich denke, dass es einen entscheidenden Grund dafür gibt, warum sie in ihrer Vorbildfunktion für mich so wichtig werden konnten. Sie gaben mir nicht nur gute Ratschläge und vermittelten mir Werte – sie lebten auch selbst danach. Beispielsweise lehrte mich meine Mutter sehr früh, mich für die Erfolge anderer Menschen zu freuen, anstatt ihnen gegenüber Neid zu empfinden. Eine Lektion, die für mich als Kind erst einmal schwer einzusehen und nicht leicht umzusetzen war. Dieser Rat blieb mir aber auch deswegen nachhaltig in Erinnerung, weil ich meine Mutter nie in Situationen erlebt habe, in der sie auf andere neidisch war.

Auch andere Menschen, die wichtig für mein Leben geworden sind und die ich als Vorbilder bezeichnen würde, zeichnen sich dadurch aus, dass bei ihnen Sprechen und Handeln übereinstimmen und beides wertebasiert ist. Beides zusammengenommen ist für mich das Ideal eines guten Vorbildes.

Role Models und ihre Verantwortung

Das Thema Vorbilder lässt sich von zwei Seiten betrachten. Einmal können andere zu Vorbildern für dich werden, und zum anderen bist du selbst ein Vorbild für andere. Ich habe bereits im dritten Kapitel im Zusammenhang mit dem Social Me darauf hingewiesen, dass wir alle in dem Moment für andere zum Vorbild werden, in dem wir uns öffentlich zeigen und äußern. Mir ist es wichtig, mit diesem Umstand bewusst umzugehen. Denn niemand sollte sich damit begnügen, einfach »nur« ein Vorbild zu sein – quasi durch bloße Anwesenheit. Schließlich gibt es sowohl gute als auch schlechte Vorbilder. Politische Entwicklungen offenbaren immer wieder, wie schnell gesellschaftliche Normen erodieren können, wenn Menschen öffentlich ein schlechtes Vorbild für andere sind. Die große Herausforderung besteht also darin, die Werte zu finden, die das eigene Handeln leiten. Hier gibt es kein allgemeingültiges Patentrezept, dafür aber viele Regalmeter voller Literatur, angefangen bei Ratgebern bis hin zu Abhandlungen von Philosoph*innen und Denker*innen – von Aristoteles über Kant bis hin zu Simone de

Beauvoir. Werte sind ein wesentlicher Bestandteil von Weltanschauungen und politischen Überzeugungen, die im Lauf der Zeit immer wieder neu ausgehandelt werden müssen. Auch in diesem Zusammenhang übernehmen Vorbilder eine wichtige Funktion, weil sie als Role Model dienen, das andere zur Nachahmung heranziehen. Umso entscheidender ist es, hier verantwortungsvoll mit der eigenen Rolle als Vorbild umzugehen.

Vorbilder spielen insbesondere im Rahmen der Digitalisierung der Arbeitswelt eine unterschätzte Rolle. In einer gemeinsamen Studie mit der Europa-Universität Flensburg haben wir von Global Digital Women insgesamt 392 Personen befragt. Davon waren 92 Prozent aus Deutschland und rund 78 Prozent in einem Unternehmen angestellt. 37 Prozent davon mit Führungsverantwortung. Mit der Studie wollten wir unter anderem herausfinden, wie die Teilnehmer*innen das Thema Diversity bewerten. Zu unserer eigenen Überraschung zeigten die Studienergebnisse, dass Frauen in der Altersgruppe bis 45 Jahre Vorbildern keine entscheidende Bedeutung für ihre eigene Karriere beimessen. Ganz im Gegensatz dazu sagten Angestellte über 45 Jahren, dass sie sehr großen Wert auf weibliche Role Models legen würden. Diese Zusammenhänge sind insbesondere vor dem Hintergrund spannend, dass in Unternehmen, in denen mehr Frauen in Führungspositionen vertreten sind, sowohl Diversität als auch Digitalisierung häufiger vorgelebt werden. Ein weiterer Beleg für die Macht und Verantwortung von Vorbildern.

» Eine gute Personenmarke beziehungsweise ein gutes Social Me ist geprägt von der Fähigkeit, Menschen zu ermutigen, aufzuklären und zu befähigen – Menschen folgen Menschen. Darum ist im beruflichen Kontext eine starke Personenmarke die Basis für gute Zusammenarbeit.

Was aber sind starke Personenmarken? Damit es nicht nur bei abstrakten Beschreibungen bleibt, möchte ich hier drei positive Beispiele von Personenmarken vorstellen. Diese sind natürlich rein subjektiv gewählt, wobei ich persönlich finde, dass sie für viele ein Vorbild sein könnten. Bei ihnen handelt es sich meiner Meinung nach nicht nur um ganz besondere Persönlichkeiten, sondern auch um starke Eigenmarken, die Vorbildcharakter haben.

Die Erste stammt aus dem Kommunikationsbereich: Andrea Steverding, die Leiterin für Marketing und Kommunikation bei Oliver Wyman, die Kommunikation tatsächlich liebt und lebt. Sie pusht nicht nur kommunikationsbezogene Inhalte in den sozialen Medien, sondern auch Dinge wie das Empowerment von Frauen und Employer Branding. Wer ihr folgt, sieht, dass sie wirklich engagiert ist und auch ihre Kolleg*innen unterstützt und fördert. Sie bietet ihnen über ihre eigenen Kanäle eine Plattform, um ihre Themen voranzubringen. Andrea Steverding sorgt mit solchen Maßnahmen dafür, dass die Strategieberatung nahbarer und fassbarer wird. Ich finde, dass dieses Anliegen besonders in einem so schnelllebigen und komplexen Bereich wichtig ist, weil dadurch auch die Gesichter hinter der Beratung sichtbar werden. Daneben entwickelt sie neue, innovative Formate wie beispielsweise *Disrupt the Industry*. Dabei diskutierten die spannendsten Köpfe unserer Zeit über Zukunftsthemen und entwickelten Hypothesen für tragfähige Konzepte. *Disrupt the Industry* ist keine Frontalveranstaltung, sondern ein interaktives Format, bei dem alle Beteiligten sehr offen, direkt und vor allem miteinander über Chancen, aber auch Herausforderungen bei der Digitalisierung gesprochen haben. Außerdem ist Andrea Steverding eine derjenigen, die bei Oliver Wyman sehr stark das Thema #socialCEO, also die Positionierung von CEOs auf digitalen Kanälen, vorantreibt. Damit ist sie für mich eine wahre Pionierin.

Der Nächste, der eine wirklich starke Personal Brand hat, ist der CEO von Microsoft: Satya Nadella. Er verkörpert und fördert wie kaum ein anderer die Themen Leadership, Empathie und digitale Innovation. Auch seine Tätigkeit zeichnet sich dadurch aus, dass er anderen Menschen mit ähnlicher Mission auf seiner LinkedIn-Seite eine Plattform bietet. Sein Markenkern ist meiner Meinung nach Nahbarkeit. Sein Ziel ist es, auch die Marke Microsoft – hinter der ein wahrhaft gigantischer Konzern mit vielen Facetten steht – erfahrbarer und menschlicher zu machen. Sein Gesicht und seine Geschichte verleihen auch dem Unternehmen mehr Menschlichkeit, Freundlichkeit und Nahbarkeit. Diese Aspekte waren für die Branding-Strategie von Microsoft selbst entscheidend. Der Konzern machte unter Nadella eine Transformation durch, die wegweisend für den Fortbestand des Unternehmens war, das sich an die neuen Marktgegebenheiten anpassen musste. Auch Themen wie Inklusion und Diversität spielen bei dem Technologieunternehmen nun eine wichtige Rolle – sowohl hinsichtlich der eigenen

Arbeitskultur als auch hinsichtlich der Produkte. Empathie und Offenheit sind zwei der zentralen Werte von Microsoft unter Nadellas Führung. Dazu gehört auch, dass Nadella offen mit der Behinderung seines Sohnes umgeht und über seine Gefühle diesbezüglich spricht. Seine lakonische Botschaft an die eigenen Mitarbeiter*innen lautet: »You join here, not to be cool, but to make others cool.« Die Botschaft klingt zwar zunächst einfach, hat aber einen tiefen Sinn. Denn was bedeutet es, andere »cool« zu machen? Es bedeutet, sie darin zu unterstützen, ihrem Leben einen echten Mehrwert zu verschaffen. Um dieses Ziel zu erreichen, braucht es Empathie und Nahbarkeit – und genau das lebt Nadella seinen Mitarbeitern vor.

Die dritte Persönlichkeit, deren Social Me ich besonders vorbildlich finde, ist Janina Kugel – bis Januar 2020 Vorstandsmitglied und Personalchefin von Siemens[3]. Janina Kugel ist für mich ein absolutes Vorbild, wenn es um Personal Storytelling geht. Ihre große Stärke besteht darin, dass sie Themen setzen kann, die Bestand haben. Was sie meiner Meinung nach auszeichnet: Sie setzt und verfolgt ihre Themen unabhängig von ihrer aktuellen Position oder ihrem aktuellen Arbeitgeber. Das macht sie glaubwürdig und unabhängig. Ich halte das gerade heute aus einem spezifischen Grund für vorbildlich. Bekanntlich ist die Zeit längst vorbei, in der wir mit *einer* Ausbildung bis zur Rente kommen oder in der wir unsere Karriere ausschließ-

3 Zum Zeitpunkt des Verfassens dieses Textes war die berufliche Zukunft von Janina Kugel noch nicht abschließend geklärt. Ihr Weggang von Siemens und der hier beschriebene Inhalt basieren auf keiner näheren Kenntnis des Vorgangs.

lich in *einer* Firma oder *einem* Betrieb verbringen. Genau diesem Umstand muss auch beim Personal Branding Rechnung getragen werden. Je enger das eigene Social Me mit dem Unternehmen verknüpft ist, für das wir arbeiten, desto größer wird die Herausforderung beim Re-Branding, wenn der Arbeitgeber gewechselt wird. Mehr noch: Ich bin davon überzeugt, dass die Suche nach einem neuen Arbeitgeber leichterfällt, je stärker du mit einem bestimmten Thema identifiziert wirst. Beispielsweise verkörpert Janina Kugel das Thema Diversität wie kaum eine andere. Unabhängig davon, bei welchem Unternehmen sie sich bewerben wird, ist klar, wofür sie steht. Damit ist der Erwartungshorizont klar abgegrenzt und ihr Alleinstellungsmerkmal gegenüber anderen Mitbewerber*innen deutlich artikuliert.

! Suche Themen, die auch dann noch Bestand haben, wenn du deinen aktuellen Job nicht mehr hast.

Auf der Suche nach Vorbildern

Hast du dir bereits einmal bewusst gemacht, wer deine Vorbilder sind? Oder bist du noch auf der Suche nach Menschen, die dich inspirieren? Vorbilder kannst du im Prinzip überall finden. In deiner nächsten Umgebung ebenso wie in deiner Familie oder im Arbeitsumfeld, aber auch am anderen Ende der Welt. Ganz gleich, wer deine Vorbilder sind oder woher sie kommen, mach dir bewusst, warum du dich gerade für sie entschieden hast. Welche Handlungen zeichnen sie aus? Welche

Eigenschaften, Fähigkeiten oder Werte, die du vielleicht auch selbst gerne hättest, verkörpern diese Personen? Bei der Suche nach Vorbildern denk immer auch an das Wechselverhältnis, von dem ich eingangs gesprochen habe. Einerseits orientieren wir uns an Vorbildern, andererseits werden wir aber selbst zu Vorbildern, wenn wir uns mit unserem Social Me präsentieren. Betrachte deine eigenen Vorbilder darum auch unter dem Gesichtspunkt, ob die Eigenschaften, die du an ihnen bewunderst, mit den Themen im Einklang stehen, für die du stehst.

! Wenn du für andere zum Vorbild wirst, dann stell dir die Frage: Welche nachahmenswerten Eigenschaften sehen andere in dir? Sind es ähnliche, die du auch in anderen suchst und schätzt?

Diese Überlegungen machen eines deutlich: Wenn du dich als Social Me verstehst und für andere zum Vorbild wirst, bedeutet das, dass du nicht nur für dich selbst und dein eigenes Handeln Verantwortung trägst. Jede deiner Aussagen, dein Verhalten und auch dein Schweigen zu bestimmten Themen prägen ein Stück weit die Verhaltensweisen von anderen Menschen mit. Wähle darum deine eigenen Vorbilder mit Bedacht aus und lege die höchsten Maßstäbe an dein eigenes Verhalten an.

Zum Unterschied von Vorbildern und Mentor*innen

Vorbilder und Mentor*innen sind zwei Begriffe, die viel zu häufig synonym gebraucht werden. Bei genauerer Betrachtung sind die damit verknüpften Konzepte allerdings sehr unterschiedlich. Die einzige Gemeinsamkeit: Beide sind für unsere persönliche Entwicklung oder auch für das berufliche Vorankommen wertvoll und nahezu unersetzbar. Vorbilder unterscheiden sich jedoch von Mentor*innen dadurch, dass man sich mit ihnen nicht zwangsläufig austauschen muss. Menschen können zu Vorbildern werden, indem sie mit ihren Ansichten, Überzeugungen oder Handlungen für andere sichtbar sind. Das Verhältnis zwischen Mentor*in und Mentee ist im Vergleich dazu sehr viel direkter. Mentor*innen übernehmen eine beratende Funktion und stehen mit ihrer Erfahrung und ihrem Wissen zur Seite. Dabei erlebe ich es immer wieder, dass hier falsche Erwartungshaltungen für Enttäuschungen sorgen. Denn die Aufgabe einer Mentor*in besteht nicht darin, jemandem zu sagen, wie er oder sie sich zu entscheiden hat, und schon gar nicht darin, ihren Mentees neue Positionen zu besorgen. Die Aufgabe von Mentor*innen besteht vielmehr darin, eine Hilfestellung zu geben, wenn es beispielsweise um die fachliche Weiterentwicklung oder den nächsten Karriere-Step geht. Mentor*innen können aufgrund ihrer Erfahrung neue Blickwinkel und Perspektiven aufzeigen, die dabei helfen, eine Entscheidung zu treffen. Allein durch eine objektive Außenperspektive und ein vertrautes Verhältnis zwischen Mentor*in und Mentee können Fehlentscheidungen vermieden werden. Vielleicht traue ich mir einen Schritt selbst noch nicht zu, während es für Außenstehende längst klar ist, dass ich alle Fähigkeiten habe, die beispielsweise für eine neue Position nötig sind.

Warum du eine*n Brand-Mentor*in brauchst

Für Personal Brands ist es wichtig, sich zu reflektieren und sich immer wieder neu zu orientieren. Stimmt meine inhaltliche Ausrichtung mit meinen aktuellen Zielen noch überein? Sollte ich mich zu bestimmten Themen äußern oder lieber nicht? Was kann ich tun, damit ich auf eine bestimmte Weise wahrgenommen werde? Bin ich in eine Ecke gerutscht, in die ich gar nicht wollte? Was kann ich tun, damit ich die Menschen erreiche, die für meinen nächsten Karriereschritt wichtig sind? Fragen wie diese kannst und solltest du dir regelmäßig stellen. Allerdings solltest du dir darüber im Klaren sein, dass du dir nicht all diese Fragen selbst beantworten kannst. Manchmal fehlt uns einfach die nötige kritische Distanz zu uns selbst, um bestimmte Aspekte unserer Persönlichkeit wahrnehmen zu können. Manche Entwicklungen sind für unser Umfeld schon längst klar, während wir selbst vielleicht noch gar nicht mitbekommen haben, dass wir eine Veränderung durchgemacht haben. Ein*e Brand-Mentor*in kann dich unterstützen, diese Zusammenhänge klarer zu sehen und dir Hinweise geben, dass du deinen Fokus verlagern solltest. Dazu muss sie oder er selbst über eine starke Personenmarke verfügen und eine Ahnung von Branding haben. Das schränkt den Kreis von Personen zwar ein, zeigt aber, welche Bedeutung diese für dein Personal Branding einnehmen.

» Die Aufgabe von Brand-Mentor*innen ist, dir das zu sagen, was du selbst nicht sehen kannst.

Das Social Me als »Münze«

Dein Social Me ist wie eine Münze, die in der Wirtschaft zirkuliert. Die Funktion von Münzen beziehungsweise von Geld ganz allgemein ist es, den Tauschvorgang zwischen Menschen zu erleichtern. Ebenso wie Münzen geprägt werden, prägst du deine Marke. Statt einen Tauschvorgang zu erleichtern, erleichtert eine starke Personenmarke den Austausch zwischen Menschen. Stell dir vor, du sitzt im Publikum bei einer politischen Paneldiskussion zur Frage der Digitalisierung der Wirtschaft. Auf der Bühne sitzen Dorothee Bär Brigitte Zypries, Christian Lindner und Robert Habeck. Alle haben einen festen Markenkern, so dass von Anfang an klar ist, wer für welche Partei und ungefähre inhaltliche Position steht. Nun stell dir dasselbe Panel mit anderen Teilnehmer*innen vor. Aus denselben vier politischen Richtungen sitzen dort nun: Anna Blume, Doris Müller, Karsten Meyer und Thorsten Wagner. Welches Panel kann sich schneller inhaltlich austauschen? Sicher das erste, weil allein durch die öffentliche Positionierung als Personenmarken bei den vier Berufspolitiker*innen klar ist, wer für welchen Standpunkt steht. Die anderen Panelist*innen müssen zunächst ihre inhaltlichen Positionen klarmachen. Ganz ähnlich ist es im unternehmerischen Kontext. Wer sich hier eine Marke aufbaut, kann schnell einem Thema zugeordnet werden, so dass der Austausch von Wissen viel effizienter stattfinden kann.

Richtig netzwerken

Das Social Me hat also eine wichtige Funktion im Rahmen des Wissenstransfers zwischen dir und anderen. Anders formuliert fungiert es als Schnittstelle zwischen dir, deiner Persönlichkeit, deinem Wissen und deinem Netzwerk. Ein Social Me beziehungsweise eine Personenmarke aufzubauen und zu pflegen ist gleichbedeutend mit dem Aufbau eines Netzwerks. Das können berufliche Netzwerke ebenso sein wie private. Wichtig ist, dass du dir dieses Zusammenhangs immer bewusst bist und beides immer zusammendenkst.

» Dein Netzwerk ist mindestens ebenso wertvoll wie dein Social Me.

Ganz unabhängig davon, in welchem Bereich du Expert*in bist und welche Botschaft du hast beziehungsweise welche Ziele du verfolgst – du willst stets andere damit erreichen. Deine Marke dient dir als Verstärker, um die Reichweite deiner Botschaft zu erhöhen und sie deutlich wahrnehmbar zu machen. Welche Wirkung eine Marke hat, kannst du mit einem ganz einfachen Test prüfen: Denk an deine Netzwerkkontakte. Überlege dir, welche Personen für welches Thema stehen. Wenn du glaubst, eine Person und ihr Thema zu kennen, überprüfe deine Annahmen, indem du auf ihre Seite oder ihr Profil schaust.

Vieles von dem, was du im Rahmen des Aufbaus und der Pflege deiner Marke tust, ist aufs Netzwerken ausgerichtet. Du positionierst dich mit deinem Expertenthema, damit dein Netzwerk weiß, wofür du stehst, und damit du dein Netzwerk gezielt erweitern kannst. Dabei heißt »Reichweite« nicht »Masse«. Dein Ziel sollte nicht sein, tausende oder hunderttausende Menschen zu erreichen. Diese bringen dir im Zweifelsfall nichts, wenn darunter nicht genau die Personen sind, die sich ebenfalls für dich und dein Thema begeistern. Mach dir also über die reine Anzahl deiner Kontakte nicht zu viele Gedanken. Ein Netzwerk, das aus zehn Menschen besteht, kann sehr viel mächtiger und hilfreicher sein als ein Netzwerk aus 1000 Menschen, wenn diese zehn Kontakte genau diejenigen sind, die für dich die entscheidenden sind. Für deine Markenstrategie bedeutet das: Richte deine Aktivität nicht darauf aus, möglichst viele Menschen zu erreichen, sondern fokussiere dich auf die Inhalte, die du kommunizierst. Früher oder später wirst du damit die richtigen Menschen für dich und deine Sache gewinnen.

» Sichtbarkeit ist der Schlüssel – fürs Networking genauso wie fürs Personal Branding.

Challenge: Optimiere deine Profilbeschreibung

Dein Profil ist dein Aushängeschild. Es ist das Erste, was Menschen wahrnehmen, wenn sie dich suchen. Überprüfe, ob deine Profilbeschreibungen genau das widerspiegeln, wofür du stehen willst. Finden sich dort deine Themen, oder steht da nur, für wen du arbeitest? Besonders bei Plattformen wie Twitter kommt es auf Kürze und Prägnanz an. Bring dein Anliegen auf den Punkt. Versetz dich in die Lage einer dir völlig fremden Person. Würde diese dir folgen, wenn sie deine Selbstbeschreibung liest? Versteht sie, wofür du stehst und wofür du dich einsetzt?

IN ALLER KÜRZE:

In diesem Kapitel hast du erfahren, warum Vorbilder ganz generell und insbesondere im digitalen Zeitalter wichtig sind, warum du selbst ein Vorbild für andere bist und was du in deiner Vorbildrolle beachten solltest. In Abgrenzung dazu ging es um Mentor*innen: Wann und warum sind Mentor*innen hilfreich, und wie findest du eine*n passende*n Mentor*in? Um zu veranschaulichen, was ich unter starken Personenmarken mit Vorbildcharakter verstehe, habe ich drei in meinen Augen ganz besonders gelungene Beispiele herausgesucht. Nicht zuletzt habe ich in diesem Kapitel über den Zusammenhang von deinen Personal-Branding-Aktivitäten und Netzwerken gesprochen, denn das Social Me übernimmt eine zentrale Funktion beim Networking.

KAPITEL 8

TÄGLICH GRÜSST DIE NEUERFINDUNG

Markenpflege oder wie du dauerhaft im Gedächtnis bleibst

Wenn du an diesem Punkt angekommen bist, hast du schon viel geleistet. Deine inhaltliche Positionierung steht, du hast dich für deine favorisierten Kanäle entschieden und präsentierst dich dort entsprechend, du hast auch bereits ein Gefühl für deine Tonalität entwickelt und wirst als Experte*in wahrgenommen. Vielleicht wirst du bereits zu Veranstaltungen und Events eingeladen, die zu deinem Thema oder deinem Anliegen passen. Nun wird das Thema Markenpflege wichtig und die Frage, wie du dauerhaft im Gedächtnis bleibst. Jetzt heißt es: Weniger ist mehr!

Warum es genau jetzt wichtiger denn je ist, sich zu fokussieren

Wenn du deinen Markenkern erst einmal etabliert hast, musst du darauf achten, dass du ihn vor Verwässerung schützt. Die Verführung ist groß, viele Einladungen und Kooperationsmöglichkeiten anzunehmen, wenn sie nur halbwegs zu dir und deinem Thema passen. Nein zu sagen hilft dir jetzt im Zweifelsfall mehr, als um jeden Preis deinen Wirkungskreis zu erweitern. Denn – auch wenn es erst einmal hart klingt – ab diesem Punkt werden viele Menschen, Unternehmen oder Organisationen an dir Interesse haben – nicht, weil du ein*e Expert*in für dein Thema bist, sondern weil du dir damit eine Plattform aufgebaut hast. Diese Plattform erreichst du über deine Kanäle, und genau das stellt einen Wert für sich dar, von dem auch andere profitieren wollen. Noch mehr als am Anfang ist es ab jetzt wichtig, dich auf deine Inhalte zu fokussieren.

> Als Personal Brand baust du dir eine Plattform auf. Dein Netzwerk ist nicht einfach nur dein Publikum, sondern ein wertvoller Bestandteil deiner Personenmarke.

Auch wenn es immer wieder Situationen geben wird, in denen andere von dir beziehungsweise deiner Marke profitieren wollen, denk immer daran: Deine Marke gehört dir. Deine Reichweite und das Vertrauen, das du bei deinem Netzwerk genießt, hast du dir hart erarbeitet. Nicht selten stecken viele hundert

Stunden Arbeit in einer Personenmarke. Allein das macht dich und deine Botschaft so wertvoll. Auch wenn Unternehmen bereit sind, zum Teil viel Geld für dich und deine Plattform zu zahlen, halte ich es für wichtig, hier mit Vorsicht vorzugehen. Wenn du Kooperationen eingehst, achte darauf, dass alles, was im Zusammenhang mit deiner Marke steht, mit dir abgestimmt wird.

! Behalte die Kontrolle über deine Marke. Wenn du anfängst, dich für die Botschaft von anderen zu verbiegen, schadest du dir und deiner Marke mehr, als du kurzfristig gewinnst.

Im Prinzip können Personenmarken sogar als eingetragene Marke geschützt werden. Denn für sie gilt dasselbe Gesetz wie für andere Marken auch: das Markengesetz, oder kurz: MarkenG. Laut § 3 Abs. 1 des MarkenG sind Personennamen grundsätzlich als Marke schutzfähig. Das macht aus meiner Perspektive vor allem dann Sinn, wenn bestimmte Produkte – beispielsweise Pflegeprodukte oder Sportartikel – mit dem eigenen Namen versehen und vermarktet werden. Auch wenn es um den Schutz des eigenen geistigen Eigentums geht, können Überlegungen hinsichtlich einer Eintragung einer Personenmarke in das beim Patentamt geführte Markenregister sinnvoll sein. Allerdings muss dazu gesagt werden, dass dieser rechtliche Schritt keinerlei Vor- oder Nachteil bringt, wenn es um die Pflege deiner eigenen Marke geht. Lediglich, wenn es im Streitfall um bestimmte Werke oder Waren geht, könntest du durch die Eintragung deiner Personenmarke profitieren. Ich bin davon überzeugt, dass eine nachhaltige Markenpflege sehr viel mehr zum Schutz deiner Personenmarke und deiner Ideen beiträgt.

Markenpflege in fünf Schritten

Dein Social Me beziehungsweise dein Markenkern ist wertvoll, und genau darum musst du kontinuierlich am Werterhalt arbeiten. Mit den folgenden fünf Schritten kannst du dauerhaft sicherstellen, dass du den Menschen im Gedächtnis bleibst und dein Social Me seine Kontur behält. Da eine Marke über den Lauf der Zeit überprüft, angepasst oder nachjustiert werden kann und sollte, nimm dir vor, regelmäßig den aktuellen Status quo deiner Marke zu prüfen.

> !
>
> Regelmäßige Markenpflege ist Pflicht. Mein Tipp: Nimm dir mindestens einmal pro Jahr Zeit, um dich ausführlich mit deiner Marke zu beschäftigen. Plane dir am besten einen Termin im Kalender ein.

Schritt 1: Achte auf Konsistenz

Es gibt mehrere Aspekte deiner Marke, die im Lauf der Zeit inkonsistent werden können, wenn du nicht darauf achtest. Beispielsweise hinsichtlich deines Themas oder des damit verknüpften Messagings, aber auch hinsichtlich deines Signature Looks oder im Hinblick auf deine Tonalität – in all diesen Bereichen ist Konsistenz ein unschätzbares Tool, um den Wiedererkennungseffekt deiner Marke zu erhalten und zu steigern. Denk an eine*n Künstler*in, zum Beispiel den Maler Rembrandt. Wer sich einmal mit Rembrandt und seinem Malstil beschäftigt hat, wird mit ziemlich großer Wahrscheinlichkeit beim nächsten Museumsbesuch einen Rembrandt erkennen. Der Grund dafür ist: Rembrandt achtete auf Konsistenz! Sein Stil ist so einzigartig, dass man ihn immer wiedererkennt. Die charakteristischen Brauntöne, das berühmte Spiel von Licht und Schatten – es ist in all seinen Bildern zu finden. Ebenso gut lässt sich Konsistenz bei einem Blick auf die Profilseiten berühmter und talentierter Instagramer*innen erkennen. Ihre Bilder ähneln sich in einer charakteristischen Weise: Sei es, weil dort immer ähnliche Motive zu sehen sind, oder sei es, weil alle Bilder einen einheitlichen Stil oder eine bestimmte Farbpalette aufweisen. Hätte Rembrandt einen Instagram-Account, würde dieser sich durch einen hohen Grad an Konsistenz auszeichnen.

Konsistenz ist etwas, das erst dann wirklich relevant wird, wenn du an einem bestimmten Punkt angekommen bist. Gerade am Anfang musst du dir über Konsistenz weniger Gedanken machen. Im Gegenteil: Wenn du gerade erst beginnst, dich mit Personal Branding zu beschäftigen, ist es wichtig, dass du dir Offenheit bewahrst, Mut zum Experimentieren hast, verschiedene Dinge ausprobierst oder deinen Stil und deine Tonalität findest. Konsistenz wird erst dann wichtig, wenn du in all diesen Bereichen die wesentlichen Entscheidungen bereits getroffen hast und du den Wiedererkennungseffekt deines Social Mes erhöhen und steigern willst. Langfristigkeit ist der Schlüssel, wenn es um Konsistenz geht, da sie sich erst im Lauf der Zeit bezahlt macht.

! Konsistenz erreichst du oft dadurch, dass du dich bei grenzwertigen Entscheidungen eher für die Antwort Nein entscheidest.

Stell dir beispielsweise folgende Situation vor: Dein Signature Look ist schräg, knallig bunt, gerne Neonfarben. Du bist zu einem festlichen Anlass zu einer Abendveranstaltung eingeladen. Deine Sorge: An diesem Abend bist du der sprichwörtliche bunte Hund, in anderen Worten: die Einzige, die überhaupt Farbe tragen wird. Trägst du also lieber klassisch Schwarz, weil es dem Anlass entsprechender wäre? Wenn dir Konsistenz wichtig ist, entscheide dich lieber dagegen und bleib deiner Linie treu. Denn die Wahrscheinlichkeit ist hoch, dass im Rahmen solcher Veranstaltungen Bilder entstehen, die du bei Instagram oder Twitter teilen willst.

Etwas schwieriger wird es, wenn es um Inhalte geht. Angenommen, du engagierst dich für neue nachhaltige Formen des Wirtschaftens. Eine Freundin aus der Start-up-Szene bittet dich um eine Kooperation, weil sie gerade mit einem neuen Produkt auf den Markt gegangen ist. Nehmen wir an, es handelt sich dabei um ein technisches Tool, das mehr Sicherheit im eigenen Zuhause verspricht. Im Grunde passt dieses Produkt nicht zu deinem Markenkern, gleichzeitig willst du deine Freundin unterstützen. Auch in kritischen Fällen wie diesen rate ich tendenziell dazu, den eigenen Markenkern zu schützen. Manchmal besteht in solchen Situationen die Lösung darin, alternative Formen oder Wege der Unterstützung zu finden.

Schritt 2: Achte auf Glaubhaftigkeit und Natürlichkeit

Eines der größten und hartnäckigsten Missverständnisse, die sich über Personal Branding etabliert haben, hat mit Glaubhaftigkeit zu tun. Viele glauben, dass Personal Branding mit von außen auferlegten Regeln verbunden ist. Wenn du dieses Buch bis hierher gelesen hast, weißt du bereits: Das genaue Gegenteil ist der Fall. Glaubwürdig ist dein Social Me dann, wenn du dich nicht verstellst und »fremdgesteuert« bist, sondern wenn du zu deinen Werten stehst. Glaubwürdigkeit hängt für mich mit Natürlichkeit zusammen. Deine Persönlichkeit wirkt besonders dann natürlich, einzigartig und unverwechselbar, wenn du echt, ehrlich und unverstellt bist. Wenn du nicht gerade Schauspieler*in bist, dann schauspielere auch nicht. Versuch nicht die Person zu sein, die du gerne sein möchtest, sondern sei ehrlich und sei, wer du bist. Das bedeutet natürlich nicht, dass du all deine Abgründe öffentlich zeigen sollst. Aber sei echt in dem, was du sagst. Ehrlichkeit heißt in diesem Zusammenhang auch, ehrliches und echtes Vertrauen zu schenken und das Vertrauen anderer nicht zu missbrauchen. Echtes Interesse für dein Gegenüber und eine gesunde, ernst gemeinte Neugier helfen dir nicht nur beim Aufbau einer Personal Brand, sondern sind auch die Grundlage für den Aufbau eines Netzwerks – und damit der Plattform für dich als Marke.

Schritt 3: Achte auf dein Netzwerk und deine Community

Dein Social Me existiert nicht im luftleeren Raum. Einer der wichtigsten Zwecke deiner Marke besteht darin, dass du deine Botschaft so effizient und klar wie möglich an dein Netzwerk kommunizierst. Darum solltest du regelmäßig an dein Netzwerk beziehungsweise deine Community denken. Ein wichtiges Gebot bei der Pflege von Netzwerken lautet: Networking ist keine Einbahnstraße. Das heißt in diesem Zusammenhang, dass deine Community nicht einfach dein passives Publikum ist, das dir gerne zuhört. Communitys basieren auf Gegenseitigkeit. Netzwerke funktionieren dann besonders gut, wenn jede*r bereit ist, mehr zu geben, als zu nehmen. Nimm dir darum regelmäßig Zeit, dich mit deinen Kontakten zu beschäftigen. Was bewegt sie? Verfolgen sie Projekte, bei denen du sie unterstützen kannst?

Schritt 4: Achte auf deine Kommunikation

Um eine Personal Brand glaubwürdig zu gestalten, ist Kommunikation essentiell. Markenpflege bedeutet in diesem Kontext, sowohl auf die Quantität als auch auf die Qualität zu achten. Trittst du regelmäßig mit deinem Netzwerk in Kontakt? Kommunizierst du ausschließlich über die digitalen Kanäle, oder trittst du auch bei anderen Gelegenheiten in Erscheinung? Stimmt deine Botschaft online und offline überein? Stimmt die Tonalität immer noch, oder ist es an der Zeit, hier Anpassungen vorzunehmen? Zur Kommunikation gehört auch die Frage nach dem richtigen Kanal. Passen die von dir bespielten Kanäle zur Botschaft? Ist es vielleicht Zeit, etwas Neues auszuprobieren?

Auch das geht im Alltag bei vielen unter: Sind alle Informationen noch aktuell? Mach dir bewusst, dass Menschen, die dich zum ersten Mal im Netz suchen, deine unterschiedlichen Profile anschauen werden. Achte darauf, dass du hier überall das Gleiche kommunizierst (Konsistenz). Zu den Basics gehört hier auch die visuelle Kommunikation. Aktualisiere regelmäßig dein Profilbild. Ein Bild sagt bekanntlich mehr als tausend Worte. Führerscheinfotos sind ebenso tabu wie der Ausschnitt aus einem der letzten Urlaubsfotos. Dein Foto sollte zu dir und deinem Thema passen und aussagekräftig sein.

Die Maßnahmen und Anpassungen, die du hier vornimmst, sollen vor allem dazu dienen, deine Botschaft und die Art, wie du kommunizierst, zu schärfen. Dieser Schritt sollte nicht mit dem ersten kollidieren, bei dem du auf Konsistenz achtest.

Schritt 5: Achte auf deinen Markenkern, deine Fähigkeiten und dein Wissen

Nicht zuletzt solltest du in regelmäßigen Abständen überprüfen, ob dein Markenkern inhaltlich noch stimmig ist. Menschen entwickeln sich weiter, und auch ein Thema kann sich im Lauf der Zeit verändern. Wenn es dein Ziel ist, mit deiner Expertise den nächsten Karriere-Step zu machen, solltest du deinen Markenkern überprüfen und anpassen, sobald du dieses Ziel (ganz oder teilweise) erreicht hast. Auch inhaltlich kannst du dich weiterentwickeln. Je länger und intensiver du dich mit einem Thema beschäftigst, desto deutlicher kann sich herausstellen, dass dich ein bestimmter Teilaspekt brennend interessiert, auf den du in der Folge dann stärker fokussierst.

Keine Regel ohne Ausnahme

Alle in diesem Kapitel versammelten Ratschläge und Hilfsmittel sind nicht mehr und nicht weniger als ein Angebot; Best Practices, die Orientierung bieten sollen. Sie sollten nicht als unumstößliche Gesetze oder Vorschriften missverstanden werden. Mir selbst geht es beim Lesen von Tipps wie diesen oft so, dass mir Gegenbeispiele einfallen, die erfolgreich sind, obwohl sie eine andere Strategie verfolgen. Kommen wir darum noch einmal kurz auf ein anderes Beispiel aus dem Bereich der Kunst zurück. Ein Maler, der einen vollständig anderen Ansatz verfolgt hat als der oben erwähnte Rembrandt, ist Picasso. Auch dieser hat eine sehr starke Marke und einen hohen Wiedererkennungswert. Allerdings hat er dies geschafft, ohne im Verlauf seines gesamten Künstlerlebens einem einzigen Stil treu zu bleiben. Seine Bilder aus der Blauen Periode haben nichts mit denen aus der kubistischen Phase zu tun, diese wiederum nichts mit den abstrakten modernen Gemälden und jene sehr wenig mit den späten Zeichnungen. Ist also Konsistenz unnötig oder überbewertet? Natürlich nicht. Das Beispiel zeigt aber, dass es nicht nur ein Rezept gibt, das alle gleichermaßen und unbedingt befolgen müssen, können oder sollen. Vielmehr gibt es Spielräume beziehungsweise Freiräume, um ganz eigene Akzente zu setzen oder neue Wege auszuprobieren.

Zwischen privat und öffentlich

Abschließend möchte ich noch auf einen weiteren Aspekt zu sprechen kommen, der indirekt mit dem Thema Markenpflege zu tun hat. Wenn du als Social Me beziehungsweise als Personenmarke in den sozialen Medien, in deinem Unternehmen, bei Veranstaltungen oder ganz allgemein gesagt in der Öffentlichkeit stehst, dann verschwimmen die Grenzen zwischen dir als Privatperson und deinem öffentlich wahrgenommenen Social Me. Je nachdem, ob du dich als Privatperson oder als öffentliche Person verstehst, gibt es grundlegende Unterschiede, wenn es um deine Rechte – beispielsweise an Bildern von dir – geht. Um es vorweg zu sagen: Ich bin keine Expertin für juristische Fragen. Darum habe ich Marlene Schreiber, Fachanwältin für IT-Recht und Partnerin bei HÄRTING Rechtsanwälte, gebeten, die Hintergründe etwas zu erläutern.

Was unterscheidet eine Person des öffentlichen Lebens von einer reinen Privatperson?

Den Begriff *Person des öffentlichen Lebens* kennt das deutsche Medienrecht so nicht. Dem am nächsten kommt aber die sogenannte *Person der Zeitgeschichte*. Die Bekanntheit einer solchen Person kann dabei ganz unterschiedlich entstehen. Beispielsweise durch den Beruf als Politiker*in oder Schauspieler*in. Aber auch bestimmte Fähigkeiten und Ereignisse können dazu führen, dass eine Person als Person des öffentlichen Lebens verstanden werden kann. Relevant ist die Differenzierung zum Beispiel bei der Frage, ob Bildnisse einer Person auch ohne deren Einwilligung verbreitet oder veröffentlicht werden dürfen oder inwieweit über die Person – und gegebenenfalls auch ihr Privatleben – berichtet werden darf. Während nämlich Privatpersonen ein grundsätzlich umfassendes Recht darauf haben, »in Ruhe gelassen zu werden«, müssen Personen der Zeitgeschichte es dulden, dass die Öffentlichkeit regelmäßig ein gewisses Recht an Informationen über sie oder an Fotos von ihnen hat. Wie weit das Interesse gehen darf, hängt vom Einzelfall ab. Aber Personen, die in der Öffentlichkeit stehen, müssen sich gegebenenfalls auch Berichte über ihr Privatleben gefallen lassen, wenn daran ein berechtigtes Informationsinteresse der Öffentlichkeit besteht, sie selbst in die Berichterstattung eingewilligt haben oder selbst über ihr Privatleben berichten. Selbst Prominenten, die quasi jeder kennt, steht jedoch ein privater und familiärer Bereich zu, der die Öffentlichkeit nichts angeht: zum Beispiel innerhalb ihres Wohnbereichs oder wenn sie sich – sei es auch in der Öffentlichkeit – ersichtlich in einer privaten Situation befinden. Kinder und Jugendliche, auch solche von Prominenten, genießen einen besonderen Schutz, und ihre Persönlichkeitsrechte haben regelmäßig Vorrang vor jedem öffentlichen Interesse.

Was zeichnet das Recht auf Privatsphäre aus?

Das Recht auf Privatsphäre wird aus dem Grundgesetz abgeleitet, genauer gesagt aus dem allgemeinen Persönlichkeitsrecht in Art. 2 Abs. 1 und Art. 1 Abs. 1. Das Recht auf Privatsphäre sichert jedem von uns einen abgeschirmten Bereich privater Lebensführung zu, der der persönlichen Entfaltung dient. In diesem Bereich müssen wir »in Ruhe gelassen« werden, und das gilt nicht nur für unsere Wohnung, sondern für alle Bereiche, in denen wir davon ausgehen dürfen, fremden Blicken entzogen zu sein.

Ist das, was ich online poste, privat oder öffentlich?

Das kommt zunächst darauf an, ob dein Post an eine unbestimmte oder zumindest größere Zahl potentieller Adressaten erfolgt oder ob der Post auf bestimmte Personen beschränkt ist, die einer privaten Gruppe angehören. In der Regel wird ausschlaggebend sein, welche Option du bei der Veröffentlichung wählst. Es gibt in den jeweiligen Netzwerken regelmäßig die Möglichkeit, die Reichweite auf »Freunde und Familie« zu begrenzen oder für alle sichtbar zu machen. Im letzteren Fall gilt ein Post in jedem Fall als öffentlich. Im ersten Fall kommt es auf die Umstände des Einzelfalls an. Was du dabei stets bedenken solltest: Auch wenn du einstellst, dass ein Post nur für Freunde sichtbar sein soll, dann befinden sich darunter meist auch Arbeitskolleg*innen, entfernte Bekannte oder dergleichen. Auch die Menge der Adressaten spielt bei der Bewertung eine Rolle. Je größer die Gruppe, desto eher ist trotz einer entsprechenden Begrenzung in den Einstellungen von einem öffentlichen Post auszugehen.

Gilt das auch für jemand, der eine Person des öffentlichen Lebens ist?

Da die Rechte am eigenen Bild bei Personen des öffentlichen Lebens eingeschränkt sein können, kommt es hier ganz darauf an, was auf dem Bild zu sehen ist beziehungsweise in welcher Situation es entstanden ist. Denn auch Personen des öffentlichen Lebens haben wie gesagt ein Recht darauf, dass je nach

Grund der Berichterstattung auch ihre Privat- und in jedem Fall ihre Intimsphäre geschützt werden. Wenn also ein Bild veröffentlicht oder verbreitet wird, das die Person in einem erkennbar privaten Moment zeigt oder die Intimsphäre verletzt, haben auch Personen des öffentlichen Lebens das Recht, die Löschung eines Bildes zu beantragen oder die Verbreitung zu untersagen.

Wie verhält es sich mit einem Like?

Die rechtliche Einordnung eines »Likes« ist bislang nicht abschließend geklärt. Zum Teil wird ein Like lediglich als eine pauschale, unverbindliche Gefallensbekundung bewertet. Allerdings ist es eine Reaktion, die jedenfalls eine gewisse thematische Auseinandersetzung mit den jeweiligen Inhalten zum Ausdruck bringt – und diese kann bei einigen Plattformen inzwischen sehr spezifisch ausfallen und neben dem klassischen Like auch Applaus, ein Herz oder Missfallen ausdrücken. Damit ist es auch eine Mitteilung für das eigene Netzwerk, wie man zu einem bestimmten Inhalt steht. Zudem wird der dazugehörige Inhalt dann auch dem eigenen Netzwerk angezeigt. Nicht auszuschließen ist, dass – insbesondere, wenn du einen entsprechenden Post zusätzlich mit einem zustimmenden Kommentar versiehst – der Inhalt als deine Meinung wahrgenommen wird. Du solltest daher unbedingt darauf achten, dass du möglicherweise rechtsverletzende Inhalte nicht unreflektiert mit einem Like markierst.

Ab wann genau ist man eine Person des öffentlichen Lebens – vor allem hinsichtlich neuer Phänomene wie Influencer*innen auf Social Media?

Für die Zulässigkeit der Berichterstattung kommt es wie gesagt regelmäßig darauf an, ob jemand im Zusammenhang mit einem bestimmten Ereignis oder als Prominente*r gleichsam der breiten Öffentlichkeit bekannt ist. Es ist nicht per se jede*r Micro-Influencer*in eine Person des öffentlichen Lebens, wohl aber die besonders reichweitenstarken. Das bedeutet aber auch: Selbst wenn man im juristischen Sinn noch nicht als »Person des Zeitgeschehens« gilt, ist man als Influencer*in regelmäßig eine Person, die zu einem gewissen Teil in der Öffentlichkeit stattfindet – mit den entsprechenden Konsequenzen. Wenn ich mich als Influencer*in – selbst mit einer zahlenmäßig noch überschaubaren Followerzahl – im Internet zu einem bestimmten Thema äußere, kann ich nicht verlangen, dass ich mit diesem Thema nur in der Form und in dem Kontext in Verbindung gebracht werde, der mir gefällt.

Dieser Zusammenhänge solltest du dir bewusst sein, wenn du dich um deine Markenpflege kümmerst. Je bekannter du wirst, desto mehr gibst du ein Stück weit die Kontrolle über das Bild ab, das die Welt da draußen von dir hat. Andere können über dich schreiben oder Bilder von dir posten, ohne dass du entscheiden kannst, ob das zu deiner aktuellen Ausrichtung passt. Als Person des öffentlichen Lebens musst du umso mehr auf dein Personal Branding und deine Markenpflege achten, um sicherzustellen, dass dein Thema und deine aktuelle inhaltliche Ausrichtung den Diskurs über dich prägen.

Challenge: Überprüfe deine Profile auf Konsistenz

Nimm dir etwas Zeit und schau dir all deine Profile und Online-Auftritte an. Bietest du anderen über alle Plattformen hinweg ein konsistentes Bild von dir selbst? Angefangen bei deinem Profilbild bis hin zu deiner Profilbeschreibung sollte überall derselbe Eindruck von dir entstehen. Hat sich deine inhaltliche Ausrichtung oder dein Signature Look in den letzten Jahren geändert? Dann solltest du überprüfen, ob du Altlasten loswerden kannst. Lösch alte Bilder, die nicht mehr zu deiner aktuellen Ausrichtung passen, und löse Verlinkungen und Markierungen, die nicht mehr aktuell sind.

IN ALLER KÜRZE:

Die Positionierung steht, die Kanäle sind bedient, und du wirst als Experte*in wahrgenommen und eingeladen. Jetzt heißt es: Weniger ist mehr. Denn nun ist es wichtiger denn je, sich zu fokussieren. In diesem Kapitel hast du erfahren, wie du in fünf Schritten nachhaltige Markenpflege betreiben kannst. Wenn du dein Social Me regelmäßig überprüfst und auf Konsistenz achtest, auf Glaubwürdigkeit und Natürlichkeit, auf dein Netzwerk und deine Community, auf deine Kommunikation sowie nicht zuletzt auf deinen Markenkern, dann kann bei der Markenpflege nichts mehr schiefgehen. Am wichtigsten dabei ist: Du behältst die Kontrolle über dein Social Me.

KAPITEL 9

RE-BRANDING
Weil das Leben keine Kurzgeschichte ist

Du bist mit deinem Thema durch, stehst an einem Wendepunkt in deinem Leben, brauchst einfach mal eine neue Perspektive oder musst dich aus anderen Gründen neu aufstellen? Das Leben ist voller Wendungen, Brüche und Neuanfänge. Das beweist ganz besonders anschaulich ein Blick in die aktuelle Arbeitswelt. Noch für die Generation meiner Eltern war es eine Selbstverständlichkeit, dass der einmal erlernte Job einen mehr oder weniger gut bis zur Rente trägt. Das einmal erlernte Wissen und die gesammelten Erfahrungen hatten lange Gültigkeit. Für die Generation Y, zu der auch ich gehöre, und die darauffolgenden Generationen gilt all das nicht mehr. Viele Dinge, mit denen ich aufgewachsen bin, gibt es längst nicht mehr, und sie wirken selbst auf mich altertümlich. Das fängt mit ganz alltäglichen Dingen an wie CDs, Disketten, DVDs oder Mixtapes, die man seiner besten Freundin geschenkt hat. Es reicht aber bis hin zu dem Wissen, das einem in Schulen oder Universitäten vermittelt wird. Wenn ich mir das Fachwissen ansehe, das ich heute als Unternehmerin brauche, dann habe ich mir vieles davon erst in den letzten Jahren angeeignet. Zugegeben, in der Schule kommt alles, was es zum Unternehmer*innentum braucht, überhaupt nicht vor. Aber selbst die konkreten Inhalte rund um Themen wie Digitalisierung und Diversität finden erst seit wenigen Jahren wirklich Beachtung. Gründe wie diese machen es heute auch notwendig, den eigenen Markenkern nicht in Stein zu meißeln. Es ist sogar wahrscheinlich, dass jede*r im Lauf ihres beziehungsweise seines Lebens eine inhaltliche Neuausrichtung vornehmen wird. Wenn sich die äußeren Umstände dramatisch verändern, musst du auch deiner Marke beziehungsweise deinem Social Me einen neuen Anstrich verpassen. Für viele Menschen klingt das schwierig, weil sie damit die Vorstellung verbinden, dass sie ihre Persönlichkeit verändern würden. Ich sehe das anders. Meine Persönlichkeit und meine Werte können immer gleich bleiben, auch wenn ich mich mit anderen Inhalten befasse, mich weiterentwickle oder reifer werde. Ganz besonders inspirierend finde ich in diesem Zusammenhang eine Aussage der bereits erwähnten Marketing-Expertin Bozoma Saint John:

»For the last 20 years, it's been about my work. I've been extraordinarily ambitious. I wanted to get all the awards. I wanted to get the promotions. I wanted to get the next job. I wanted to get all of those things. I wanted to climb. (…) And that was my brand for a long time. But now, I've changed it. It's evolving and that's the beautiful thing about brand development: It doesn't have to stay static. It can change. You can look at your life and say, ok well, now I want to be something different. For me, the difference isn't that I'm going to totally abandon everything that

I've been. It's that I'm going to evolve it (…) now it's that I want to go from success to significance. I want to be significant.«

Zu Deutsch: »In den letzten 20 Jahren ging es mir um meine Arbeit. Ich war extrem ehrgeizig. Ich wollte alle Auszeichnungen bekommen. Ich wollte befördert werden. Ich wollte den nächsten Job bekommen. All das wollte ich. Ich wollte emporsteigen. (…) Und das war lange mein Markenkern. Aber jetzt habe ich ihn geändert. Er entwickelt sich, und das ist das Schöne an der Markenentwicklung, dass sie nicht statisch bleiben muss. Sie kann sich ändern. Du kannst dir dein Leben anschauen und sagen, ok, jetzt möchte ich etwas anderes sein. Für mich besteht der Unterschied nicht darin, dass ich alles, was ich war, aufgeben muss. Ich werde mich weiterentwickeln (...), jetzt möchte ich meinen Erfolg in Bedeutsamkeit verwandeln. Ich möchte bedeutsam sein.«

Veränderung bedeutet also nicht, alles aufzugeben, was man bisher erreicht und geleistet hat. Es bedeutet weiterzugehen, den nächsten Schritt zu machen.

Drei Strategien fürs Re-Branding

Beim Re-Branding kommt es vor allem darauf an, wie du Veränderungen kommunizierst. Besonders dann, wenn du viele Jahre und viel Zeit und Energie darauf verwendet hast, deinem Netzwerk ein bestimmtes Bild von dir zu vermitteln, musst du mit Bedacht an die Sache herangehen. Wenn eine Neuausrichtung ansteht, fühlt es sich erst einmal so an, als ob man am Fuß des größten Berges steht und noch nicht einmal richtige

Wanderschuhe dabeihat. Veränderungen verunsichern. Aber an Veränderungen wächst man auch, und am Ende ist man stärker und vielleicht sogar besser aufgestellt als jemals zuvor. Darum rate ich dazu, sich eine Strategie zu überlegen, mit der man das sich selbst gesteckte Ziel erreichen möchte. Ich werde im Folgenden drei Strategien vorstellen, die im Detail sehr unterschiedlich sind, um nicht zu sagen: Sie widersprechen sich gegenseitig. Das stimmt, und das liegt daran, dass sie unterschiedliche Lösungsvorschläge für unterschiedliche Ausgangslagen sind. Es handelt sich also nicht um drei Wege, die alle gleichermaßen zum Ziel führen, sondern jeweils um einen Lösungsansatz für eine bestimmte Situation.

Strategie 1: Finde das Gemeinsame und Verbindende

Die erste Strategie besteht darin, Verbindungen herzustellen zwischen dem, was du gemacht hast, und dem, was du zukünftig machen willst. Welche deiner Fähigkeiten sind auch bei deiner neuen Tätigkeit oder in deinem neuen Themenfeld relevant? Welche Motivation hat dich bisher angetrieben und treibt dich auch weiterhin an? Kontinuitäten herzustellen kann dir auch in Situationen helfen, in denen du durch Neues verunsichert wirst. Gemeinsamkeiten herzustellen heißt auch, sich Eselsbrücken zu bauen, um sich einen Begriff von etwas zu machen, das unbekannt ist, oder um sich Zusammenhänge zu erklären, die auf den ersten Blick unverständlich sind. Solche Lernstrategien helfen auch beim Re-Branding.

Es gibt ein schönes Bild, das dir dabei helfen kann, dir diese Strategie anzueignen und produktiv damit umzugehen. Stell dir vor, du schwingst dich wie Tarzan im Dschungel von Liane zu Liane. Jede Liane, die du dir greifst und mit der du vorankommst, steht für eine deiner Fähigkeiten oder eines deiner Themen. Solange du dich daran festhältst, bist du sicher und kommst von einem Ast zum anderen. Wenn du ans andere Ende des Waldes kommen willst, darfst du dich aber nicht nur in deinem dir bekannten Bereich bewegen, sondern musst von Baum zu Baum kommen, Abgründe überwinden und weite Strecken zurücklegen. Das heißt, dass du ab einem gewissen Punkt eine Liane loslassen musst, um dir die nächste zu greifen. Die ersten Lianen, die dir weiterhelfen, hängen noch am selben Baum. Dann kommst du aber immer weiter und greifst nach neuen Lianen, die dich in einen neuen Abschnitt des Waldes bringen, der dir vielleicht noch nicht so vertraut ist.

Mein Punkt dabei ist: Es erfordert immer ein wenig Mut, das Alte, Bekannte loszulassen, um den nächsten Schritt zu machen. Am Ende ergibt sich daraus ein Weg, den du in deinem Tempo zurücklegst, indem du dich einfach Schritt für Schritt beziehungsweise von Liane zu Liane weiterhangelst.

! Veränderungen – auch wenn sie am Anfang noch so groß und beängstigend erscheinen – lassen sich bewältigen, indem man einen Fuß vor den anderen setzt. Wichtig dabei ist, nicht zu lange an dem zu hängen, was hinter einem liegt.

Angewandt auf das Re-Branding bedeutet diese Strategie: Bereite die von dir anvisierte Veränderung langsam vor. Erkläre vielleicht in einem Text oder einer Insta-Story, welche Gemeinsamkeiten du zwischen deinem alten Job und deinem neuen Job gefunden hast, obwohl du nun in einem völlig anderen Fachbereich arbeitest. Diese Strategie des langsamen Übergangs, der sich an Gemeinsamkeiten und Kontinuitäten entlangarbeitet, bringt den Vorteil mit sich, dass du dein Netzwerk nicht überforderst und nach und nach mitnimmst. Du machst deine eigene Entwicklung verständlich, indem du sie erklärst und dadurch erlebbar machst.

Strategie 2: Mach die Veränderung zur Geschichte

Eine andere Strategie, deine Veränderung zu kommunizieren, besteht darin, den Wechsel selbst zum Thema zu machen. Musst du beispielsweise aufgrund der technologischen Entwicklung einen vollständig neuen Beruf erlernen? Das ist unter Garantie etwas, das viele Menschen interessieren wird, weil es ihnen vielleicht gerade genauso geht oder sie sich in Zukunft in derselben Situation befinden werden. Hier zahlen sich alle Kenntnisse aus, die du dir im Bereich Personal Storytelling angeeignet hast. Denn wenn es um Übergänge und Veränderungen geht, gibt es unendlich viel zu erzählen: Was sind die Herausforderungen bei deiner Neuausrichtung? Welche Erfahrungen machst du während dieser Übergangsphase, und wie ergeht es dir dabei? Welches Wissen musst du dir neu aneignen, und welche Erfahrungen, die du bisher gemacht hast, bringen dich gerade jetzt weiter? Was motiviert dich, den Neuanfang zu schaffen? Was tust du, wenn du Rückschläge erleidest? Veränderungen können die spannendste Zeit in einem Leben sein, und andere Menschen interessieren sich für genau diese Geschichten. Das hat einen tiefgreifenden Grund: Es gibt narrative Grundmuster, die über alle Kulturen hinweg Erzählungen prägen. Das ist zumindest die These von Christopher Booker, der eines der einschlägigen Werke zum Thema Storytelling geschrieben hat. Das Buch, das es nur in englischer Sprache gibt, trägt den Titel *The Seven Basic Plots: Why We Tell Stories*. Darin findet sich ein Kapitel, das sich mit dem Thema Neuanfang beschäftigt. Es heißt »Rebirth«, also Wiedergeburt. Es ist faszinierend zu erfahren, in wie vielen unterschiedlichen Geschichten aus unterschiedlichen Epochen und Kulturräumen das Thema Neuanfang eine entscheidende Rolle spielt. Nehmen wir beispielsweise das Märchen von Schneewittchen, die bekanntlich von ihrer Stiefmutter mit einem Apfel vergiftet wird: Der Höhepunkt und zugleich der Wendepunkt, auf den die ganze Erzählung ausgerichtet ist, ist die Wiedergeburt von Schneewittchen, als sie das in ihrem Hals steckende Apfelstück ausspuckt. Schicksalsschläge und Unglück gehören ebenso zum Leben wie der Neuanfang, der danach kommt. Re-Branding ist nicht das Ende der Welt, sondern schlicht der Beginn eines neuen Abschnitts. Zum Glück muss man für den Neuanfang im echten Leben nicht auf den richtigen Prinzen warten.

! Wenn du vor einem Neuanfang stehst, sei dir gewiss, dass alle Menschen, denen du wichtig bist, dich und deine Geschichte verstehen werden. Mach die Veränderung und den Neustart zum Inhalt deines Re-Brandings.

Auch wenn wir vielleicht eher zu denken geneigt sind, dass unser Leben in geraden Bahnen verläuft, sind Unbeständigkeiten und Übergänge in Wahrheit wohl doch eher die Norm. Beim Re-Branding kann man sich genau das zunutze machen und tief verankerte Erzählformen verwenden. Damit gelingt es nicht nur, die eigene Veränderung selbst besser zu bewältigen, sondern sie auch anderen besser zu vermitteln.

Strategie 3: Der harte Cut zum nächsten Kapitel

Die dritte Strategie bietet sich für Situationen an, in denen es einfach ein Reset sein muss. Momente wie diese gehören mit Sicherheit zu den schwierigeren im Leben. Leider kommen sie aber nun mal vor, und es ist wichtig, gut damit umzugehen. Es hilft niemandem weiter, sich nur über den Status quo zu unterhalten und das Ende – und damit auch den Neuanfang – immer länger hinauszuzögern. Manchmal ist einfach alles gesagt und alles probiert worden. Wie im Film hilft dann einfach nichts anderes als ein harter Cut zum nächsten Kapitel. Eine Möglichkeit, die bei einem Neustart helfen kann, ist ein neuer Brand-Name. Nehmen wir dazu beispielsweise ein Start-up. Nach mehreren Versuchen bleibt nur festzustellen, dass das bisherige Geschäftsmodell schlicht nicht richtig funktionieren will. Gründe dafür gibt es genug. Für manche Ideen ist die Welt einfach noch nicht bereit, oder es gibt längst eine andere Lösung für das gleiche Problem, die man einfach unterschätzt hat. Das Team will aber weitermachen, weil es an sich glaubt. Da es mehrere Versuche gab, mit der ursprünglichen Idee durchzustarten, ist allerdings der Name und die Brand des Unternehmens unweigerlich damit verbunden. In Fällen wie diesen kann es genügen, mit einem neuen Brand-Namen und einer frischen Idee einen Neuanfang zu markieren. Dabei empfiehlt es sich, gerade am Anfang viel Zeit und Energie auf das Branding zu verwenden. Schließlich startet man wieder bei null.

Wenn du persönlich in eine Sackgasse geraten bist, kannst du dir natürlich keinen neuen Namen zulegen. Es geht aber auch gar nicht darum, gleich ein neues Leben anzufangen. Auch in herausfordernden Situationen genügt es, deinem Social Me eine Frischzellenkur zu verpassen. Dafür gibt es viele Ansatzpunkte. Überlege beispielsweise, ob du dir einen neuen Signature Look zulegen kannst, der mit deiner neuen Ausrichtung zusammenpasst. Äußere Veränderungen scheinen in so einer Situation vielleicht das geringste Problem zu sein. Aber manchmal können es gerade solche kleinen Dinge sein, die dich dabei unterstützen, den Neuanfang zu meistern. Zusätzlich rate ich in jedem Fall dazu, deine Profile auf allen digitalen Plattformen neu zu gestalten. Angefangen bei einem neuen Profilbild, über deine Profilbeschreibung bis hin zu neuen Inhalten, mit denen du deine Seiten fütterst. Damit dein Netzwerk deine inhaltliche Neuausrichtung registriert, versteht und abspeichert, gilt gerade in der Übergangsphase das Prinzip: Viel hilft viel.

Achte beim Re-Branding auf Konsistenz

Ähnlich wie bei der Markenpflege ist Konsistenz auch beim Re-Branding essentiell. Wenn du einen Neuanfang machst, sollte das für alle Menschen, mit denen du in Kontakt kommst, gleichermaßen sichtbar und erkennbar sein. Im Marketing spricht man auch von »Touchpoints«, also Kontakt- oder Berührungspunkten zwischen deiner Marke beziehungsweise dir selbst und deinem Netzwerk, deinen Kund*innen, deinen Kolleg*innen oder deinen Freund*innen. Ansonsten sorgst du für Verwirrung und Unklarheit darüber, in welche Richtung du dich gerade entwickelst.

Challenge: Erstelle eine Zeitkapsel

Die Analyse des Status quo ist ein wichtiger Schritt beim Re-Branding. Wenn du deinen Ausgangspunkt genau kennst, kann es einfacher sein, die neue Positionierung zu bestimmen oder dich von dem Bisherigen abzugrenzen. Erstelle darum einmal im Jahr eine Zeitkapsel, auf die du zurückgreifen kannst, wenn du deinem Social Me einen neuen Anstrich verpassen willst.
Schreib dir dazu die Antworten auf folgende Fragen auf: Wer bist du, und wo stehst du heute? Was machst du, und was sind deine Ziele? Wofür möchtest du bekannt sein, und was verbinden andere mit dir? Was kommunizieren deine Farben, dein Logo, dein Signature Look, dein Profilbild? Was ist dein Alleinstellungsmerkmal? Über welche Kanäle oder Touchpoints kommst du mit deinem Netzwerk, deinen Kund*innen und Freund*innen in Kontakt?

IN ALLER KÜRZE:

Das Leben ist keine Kurzgeschichte. Es gibt Wendungen, Übergänge, Brüche und Neuanfänge. Besonders heute, im Zeitalter der Digitalisierung, verlaufen Karrieren nicht mehr geradlinig. Es gibt keine Garantie, dass neue Inhalte zur bisherigen Ausrichtung einer Personenmarke passen. Darum solltest du dein Social Me regelmäßig überprüfen. Hast du gerade eine grundlegende Veränderung durchgemacht, dann ist auch eine Neuausrichtung deiner Marke nötig. Je nach Art der Veränderung bieten sich verschiedene Re-Branding-Strategien an. Allerdings gibt es hier keinen Königsweg. Nicht jede Strategie passt zu jeder Situation. In diesem Kapitel hast du erfahren, welche Lösungsansätze es gibt und wann sie sich anbieten.

KAPITEL 10

IN DER KRISE LIEGT DIE KRAFT

Was tun, wenn deine Marke angeschlagen ist?

Auch wenn es platt klingt: Aber so wie es im echten Leben Hoch- und Tiefphasen gibt, gibt es sie auch im Leben einer Personal Brand. Das ist aber kein Grund zum Verzweifeln, sondern ein Anlass, um dich umso intensiver um deine Marke beziehungsweise deine Reputation zu kümmern.

Finden wir uns also damit ab. Krisen wird es geben. Meiner Erfahrung nach ist kaum jemand davor gefeit. Wenn du in der Öffentlichkeit stehst – und sei es auch nur eine »kleine Öffentlichkeit« innerhalb deines Netzwerkes –, sind Anfeindungen vorprogrammiert. Ich möchte weder pessimistisch noch besonders verbittert wirken. Dennoch möchte ich darauf hinweisen, dass man sich bei einer Sache keinerlei Illusionen hingeben darf: Die eigene Reputation und Glaubwürdigkeit sind sehr stark angreifbar. Es ist sogar vergleichsweise einfach, die Reputation einer Person infrage zu stellen. Das Entscheidende ist, im Fall einer Krise nicht den Kopf in den Sand zu stecken.

Als eine erste Ad-hoc-Maßnahme empfehle ich Humor. Wer zunächst einmal über einen an sich schwerwiegenden Vorfall lachen kann, verschafft sich Distanz zu einem Thema. Diese Distanz kann dabei helfen, den nächsten Schritt beim Krisenmanagement etwas entspannter anzugehen. Ich möchte jedoch auch davor warnen, Humor als Allheilmittel für Ausrutscher zu verwenden. Humor kann sich sehr schnell abnutzen, und im schlimmsten Fall kann die ganze Sache auch nach hinten losgehen. Denn über Humor lässt sich bekanntlich streiten. Das heißt auch, dass nicht alle über dieselbe Art von Humor lachen können. Insbesondere wenn die Gefühle von anderen Menschen verletzt werden könnten, solltest du vorsichtig damit umgehen. Bekanntlich sagte der Kabarettist und Entertainer Harald Schmidt einmal, es sei besser, einen guten Freund zu verlieren, als eine gute Pointe. Was für jemanden, der mit Witzen Geld verdient, stimmen mag, verliert schnell an Gültigkeit, wenn man versucht, diese Aussage als praktische Lebensweisheit zu verstehen.

> » Humor kann eine gute erste Reaktion sein, wenn sich eine Krise anbahnt. Allerdings solltest du dir Strategien für den Ernstfall bereithalten, wenn Humor keine Option ist.

Trotzdem gibt es natürlich Momente, in denen man Humor braucht. Ich erinnere mich an eine Situation, in welcher eine

Institution mich auf Twitter markierte und eine Konferenz ankündigte, auf der ich zu Diversität sprechen sollte. Genauer gesagt über meine Arbeit mit Global Digital Women, Frauen zu vernetzen und sie sichtbar zu machen. Prompt twitterte ein Nutzer zurück: »Diese elendigen Feministinnen, fehlt nur noch, dass sie einen Bart tragen, um so erfolgreich zu sein wie die Männer!« Ich habe eine Weile überlegt, ob ich auf diesen Tweet antworten sollte, denn einerseits fand ich den Beitrag einfach absurd, und andererseits war es wieder mal ein Account, der anonym unterwegs war, so dass ich es gar nicht einsah, dem Ganzen noch mehr Aufmerksamkeit zu verleihen. Doch es ließ mich nicht los, und so antwortete ich etwa eine Stunde später: »Ich habe einen Bart, Stichwort Südländerin, deshalb bin ich auch so erfolgreich!« In Sekundenschnelle kam die Antwort: »Da musste ich lachen, nicht schlecht!« Mir ist bewusst, dass so eine Reaktion, sowohl von mir als auch von meinem Gegenüber, nicht üblich ist. Doch die Sache zeigt: Manchmal hilft Humor, vor allem einem selbst!

Der erste Shitstorm wird kommen

Früher oder später ist es so weit. Der erste Shitstorm wird unweigerlich kommen. Die Frage wird dann lauten: Wie gut bist du darauf vorbereitet? Je stärker du dich als Marke positionierst, desto größer wird die Zahl der Menschen, denen deine Ansichten, Anliegen oder Ziele missfallen. Eine falsche oder polarisierende Äußerung genügt dann, um das Fass zum Überlaufen zu bringen. Natürlich gibt es auch gravierendere Fälle.

Etwa dann, wenn etwas über dich herauskommt, das eigentlich nicht für die Öffentlichkeit bestimmt war. Ich konnte diese Situation einmal hautnah miterleben, als ich für Silvana Koch-Mehrin gearbeitet habe. Damals war das Phänomen der sogenannten Plagiatsjäger noch sehr jung und unbekannt. Es gab wenig Erfahrungswerte, wie man am besten mit Vorwürfen wie diesen kommunikativ und strategisch umgehen sollte. Klar war lediglich, dass die Salamitaktik à la Karl-Theodor zu Guttenberg nicht zu empfehlen war.

> » In einer handfesten Krisensituation darf die Salamitaktik keine Option sein. Die Erfahrung lehrt: Die scheibchenweise präsentierte Wahrheit ist immer noch schlimmer als die Wahrheit am Stück.

Wenn du mit einem Team zusammenarbeitest – sei es in einer Abteilung, einer Partei oder einer Organisation –, dann sind Offenheit und Transparenz die beiden obersten Gebote.

Wenn du offen und transparent mit deinen Kolleg*innen, Partner*innen oder Mitarbeitenden umgehst, bewahrst du sie davor, in unangenehme Situationen zu kommen. Lässt du sie über die Wahrheit im Dunkeln, dann sagen sie automatisch die Unwahrheit, wenn sie auf Vorwürfe angesprochen werden. Dadurch verlierst du im schlimmsten Fall diejenigen Menschen, die du im Krisenfall am meisten brauchen wirst.

Auch das habe ich in der Politik gelernt: Wenn es darum geht, einen Vorfall einzugestehen, dann ist es einfacher, etwas zuzugeben, wenn die genauen Umstände noch unklar sind. Das bedeutet nicht, sich nicht zu verteidigen, sondern zunächst für etwas Beinfreiheit zu sorgen. Krisenmanagement ist immer einfacher, wenn zunächst schon mal die Aussage im Raum steht: Ich habe nichts vorsätzlich gemacht.

> **!** Weihe im Extremfall die Menschen in deinem engsten Umfeld voll und ganz ein. Das hilft dir dabei, die Wogen glatt zu halten, um dann gemeinsam den Weg aus der Krise zu gehen.

Wie du mit den Sünden deiner Vergangenheit umgehen solltest

Jeder Mensch macht Fehler. Eine Prahlerei hier und ein wenig Selbstüberschätzung dort – fertig ist der dunkle Fleck in der Vergangenheit, von dem am besten nie jemand erfahren soll. Was aber tun, wenn die Sünden der Vergangenheit doch ans Tageslicht kommen? Ich habe in der Politik selbst erlebt, wie Menschen Realitätsverlust erleiden können. Anstatt Fehler einzuräumen, ist es im ersten Moment einfacher, die Schuld auf jemanden anderen zu schieben. »Alle Journalist*innen sind scheiße« ist noch eine der netten Formulierungen, mit denen versucht wird, das eigene Fehlverhalten zu überdecken.

! Kreiere dir nicht deine eigene Realität. Bau auf Menschen, die dich dabei unterstützen, keinen Realitätsverlust zu erleiden.

Wie gesagt: Fehler zu machen ist menschlich. Es sollte also nicht darum gehen zu versuchen, perfekt zu sein und ohne Makel durchs Leben zu gehen. Ich halte es für viel entscheidender, Kritikfähigkeit zu erlernen. Wer sich seine eigenen Fehler eingestehen kann, wird sich auch leichter damit tun, sie in seinem engsten Umfeld zuzugeben. Kritikfähigkeit bedeutet aber auch, die Fähigkeit zu haben, Kritik zu hören, ernst zu nehmen und daraus zu lernen.

Wie ich lernte, Ruhe zu bewahren

In akuten Krisensituationen heißt es: Ruhig bleiben, nicht aufregen und vor allem nicht überreagieren. Stell dir immer die Frage, wie deine Reaktion sowohl kurzfristig als auch langfristig wirkt und wie du den Menschen im Gedächtnis bleiben willst. Ich sage das, obwohl ich mich selbst nicht als unbedingt emotionslos oder unterkühlt charakterisieren würde. Ganz im Gegenteil. Dass es sich dennoch lohnen kann, erst einmal die Ruhe zu bewahren, merkte ich kurz nach meinem ersten Wahlkampf für die FDP. Zugegebenermaßen hatte ich in diesem Fall auch keine Wahl. Denn ich kam kaum zu Wort. Wer mich kennt, weiß, dass das etwas heißt. Aber von Anfang an. Wie das im Wahlkampf so üblich ist, hing damals während der

Landtagswahl in Baden-Württemberg überall an Laternenmasten und Plakatwänden Wahlwerbung. Auch von mir hingen in ganz Karlsruhe Plakate herum. Wenn ein Wahlkampf zu Ende ist, müssen Plakate innerhalb einer bestimmten Frist entfernt werden. Ein Detail, das vielen nicht bekannt ist: Das Entfernen der Wahlplakate wird von Freiwilligen übernommen, und in vielen Fällen sind es die Kandidat*innen selbst, die hier Hand anlegen. Als Strafe für zu lange hängende Wahlwerbung kann die zuständige Gemeinde sogar ein Bußgeld verhängen. In vielen Fällen wird aber über die Frist hinaus Gnade vor Recht walten gelassen. Meine Plakate blieben – sehr zum Argwohn einer älteren Dame – noch etwas länger als erlaubt hängen. Von dem ganzen »Vorfall«, den dieser Umstand auslöste, erfuhr ich überhaupt nur, weil ich an diesem einen Tag die Stellvertretung für die Geschäftsführerin des FDP-Kreisverbands war. Das Telefon klingelte. »Guten Tag, FDP-Kreisverband Karlsruhe-Stadt, was kann ich für Sie tun?« Es meldete sich die besagte ältere Dame. Sie rufe an, um sich zu beschweren. »Okay. Worum geht es denn?« Die Dame ließ mich wissen, dass sie in Karlsruhe-Durlach wohne. Und man könne es kaum für möglich halten, aber da hingen noch immer Plakate vom Wahlkampf herum. Vor allem die von dieser »Tiji Onana«. Auch direkt vor ihrem Haus. Das hätte sie ihr ganzes Leben lang noch nicht erlebt. Die Wahl sei jetzt schon über eine Woche her. Was nun folgte, war – auch wenn es den Begriff damals dafür noch nicht gab – ein Shitstorm. Nur eben am Telefon. Warum die FDP denn überhaupt solche Kandidaten auswählen würde. Das habe man nun davon. Wie man den Namen überhaupt aussprechen würde … So ging das gut zehn Minuten lang. Eigentlich war ich einfach nur sprachlos. Das spielte aber keine Rolle, da ich ohnehin kaum zu Wort kam und nur ab und zu ein »Mhmm« einwarf. Die gute Nachricht ist: Es schien der Dame hörbar Erleichterung zu verschaffen, endlich ihrem ganzen Ärger Luft machen zu können. Am Ende meinte sie: »Vielen Dank, dass Sie mir jetzt so lange zugehört haben! Das war so ein gutes Gespräch. Es gibt ja doch auch noch gute Leute bei der FDP. Wie war Ihr Name gleich nochmal?« Nachdem ich ihr meinen Namen gesagt hatte, hörte ich nichts mehr – außer nach einer kurzen Weile ein »Klick«. So viel zum Thema: Was denken und sagen andere wohl über dich, wenn sie annehmen, dass du nicht im Raum bist. Oder am anderen Ende der Leitung.

Die beste Vorbereitung für die Krise: Ein Netzwerk außerhalb

Egal, wie dick das Fell ist, das du zu haben glaubst – Krisen gehen an die Nieren. Ob du dir das in dem Moment eingestehen kannst oder nicht. Bestimmte Sätze verfangen sich, gehen direkt ins Herz und tun weh. Darauf kann man sich nur schwer vorbereiten. Was allerdings in der Situation hilft, sind Menschen, denen du vertrauen kannst und die dir auch dann beistehen, wenn draußen der Sturm tobt. Dein Netzwerk – oder besser gesagt: dein Netzwerk außerhalb der Arbeit oder außerhalb deines Tätigkeitsbereiches – schützt dich und fängt dich auf, wenn es dir schlecht geht. Darum sollte dieses Netzwerk auch und vor allem in der Zeit, in der alles rundläuft, einen hohen Stellenwert in deinem Leben einnehmen.

> **!** Pflege immer den Kontakt zu den Menschen, die in deinem Leben am wichtigsten sind. Denn deine engsten Freund*innen oder Vertrauten und deine Familie sind das Netzwerk, das auch dann für dich da ist, wenn du es am dringendsten brauchst.

Und wenn am Ende nichts mehr hilft und du doch das Land verlassen musst, hast du immer noch deine Familie und deine Freunde, die zu dir stehen … und hoffentlich mit dir mitkommen.

Loslassen – alles auf Anfang

Aus leidlicher persönlicher Erfahrung kann ich nur empfehlen, so schnell wie möglich einen Schlusspunkt hinter eine Geschichte zu setzen, loszulassen und weiterzumachen. Ich selbst kenne leider nur zu gut den Moment, in dem ich ein Projekt aufgeben musste, aber nicht loslassen wollte und noch sehr lange mit meinem Herzen daran hing. Ich hätte mir nie erträumen lassen, dass ich es aufgeben könnte. Bekanntlich verlaufen Krisen in vier Phasen: 1. Verdrängung, 2. Trauer, 3. Orientierung und 4. Neubeginn. Damals war ich eindeutig in Phase 1, und es schien mir schwer vorstellbar, dass es andere Phasen geben konnte – geschweige denn, dass ich eine Ahnung gehabt hätte, wie ich diese erreichen sollte. Aufgrund der maßlosen Enttäuschung, die ich damals erlebt hatte, konnte ich mir auch nicht vorstellen, dass ich mich noch einmal so sehr in ein Projekt einbringen könnte. Aber tief in mir wusste ich, dass ich weitermachen musste. Zum Glück konnte ich mich auf meine Familie verlassen, die mich aufbaute und mir wieder Mut machte. Sie gab mir zudem die Sicherheit und den Raum, meine Trauer zuzulassen und auszuleben. Und eines Tages kam mein Lebenspartner zu mir und sagte: »Ich hab uns ein neues Projekt besorgt!« Nach und nach wurde mir klar, dass ich mich nur auf ein neues Ziel einlassen kann, wenn ich alle alten Geschichten hinter mir lasse. Ich verstand, dass ich die Wahl hatte, mich die nächsten zehn Jahre zu ärgern oder neu anzufangen. Ich entschied mich für den Neuanfang.

Ein Neuanfang, man erinnere sich kurz an das vorherige Kapitel, geht oft mit einem Re-Branding einher oder wird dadurch zumindest erleichtert. Hier wird ein weiteres Mal deutlich, warum Menschen nicht in der gleichen Art und Weise Marken sind wie Unternehmen. Ein Unternehmen, das in die Krise geraten ist, kann sehr viel einfacher mit einem neuen Firmennamen, einem neuen Firmenlogo und ein paar neuen Farben einen Neuanfang markieren, als Personenmarken dies tun können. Unser Name ist nun mal unser Name. Darum schrieb ich eingangs zu diesem Kapitel, dass der eigene Ruf und die Reputation sehr leicht angreifbar sind. Sobald sich einmal eine negative Geschichte mit einem Namen verbunden hat, ist es nur sehr schwer, dieses Image wieder loszuwerden. Wenn der gute Ruf erst einmal angekratzt ist oder wenn du deine persönliche Marke in ein Projekt oder Unternehmen voll und ganz eingebracht hast, musst du lernen loszulassen und all deine Energie in die Zukunft zu setzen. Der beste Weg, um ein angekratztes Image wieder neu aufzupolieren oder eine Geschichte, die mit deinem Namen verbunden ist, wieder loszuwerden, lautet: Setz deine eigene Agenda. Wenn du deine (neuen) Themen selbst setzt, bist du souveräner. Du bestimmst die Themen, mit denen du dich beschäftigen willst und die andere mit dir in Verbindung bringen sollen. Du erzählst selbst deine Geschichte, statt andere Geschichten über dich erzählen zu lassen. Mit allem, was du bis hierher über Personal Branding gelesen und gelernt hast, verfügst du über ein optimales Instrumentarium, um den Weg aus der Krise heraus zu schaffen. Mehr noch: Du verfügst über die besten Mittel, um dich auf künftige Krisen vorzubereiten.

Raus aus der Selfie-Show

Personal Branding verschafft dir Souveränität. Vorausgesetzt, es geht um mehr als die Botschaft »Ich, ich, ich«. Dein Social Me kann dir dabei helfen, dich auf die nächste Krise vorzubereiten und diese besser zu bewältigen. Denn eine starke Marke hilft dir bei drei zentralen Ankerpunkten für Krisensituationen:

- Du emanzipierst dich.
- Du hast dein eigenes Netzwerk.
- Du setzt deine Themen und baust eine Reputation auf.

Emanzipation bedeutet für mich in diesem Zusammenhang, sich selbst ernst zu nehmen, sichtbar zu werden und sich souverän nach außen zu präsentieren. Kreiere dabei aber nicht deine eigene Realität, die sich nur um dich selbst dreht. Bau vielmehr auf Menschen, die dich kennen und unterstützen, die dir aber im schlimmsten Fall auch sagen, dass du gerade in eine völlig falsche Richtung abgebogen bist. Das verhindert den Realitätsverlust. Auch dein eigenes Netzwerk bringt dir Unabhängigkeit. Wenn du dein eigenes Netzwerk aufbaust, verschaffst du dir eine Reichweite, die dir in kritischen Situationen Halt gibt, weil du weißt, dass du Menschen um dich hast, denen du vertrauen kannst und die dir zuhören. Ein eigenes Netzwerk hilft dir auch dabei, effektiv deine Botschaft zu kommunizieren. Indem du deine Themen setzt, versetzt du dich schließlich in eine Position, in der du nicht nur einfach deine eigene Agenda bestimmst. Du bestimmst auch mit, wie du von außen wahrgenommen wirst. Da du dir dein eigenes Netzwerk aufgebaut hast, kannst du den Menschen, die dir am wichtigsten sind, offen und transparent begegnen und ihnen mitteilen, was dich wirklich bewegt und was dir wirklich wichtig ist. Nicht zuletzt baust du dir damit eine Reputation auf, die dich vor Angriffen schützt: Die Menschen wissen bereits, dass bestimmte Behauptungen oder Gerüchte nicht wahr sein können, weil du zuvor schon ihr Vertrauen gewonnen hast und sie von dir die Wahrheit gehört haben.

> » Wer sich vor Krisen schützen will, muss raus aus der Selfie-Show.

Ein Restrisiko wird natürlich immer bleiben. Die gute Nachricht lautet aber: Du kannst dich vorbereiten. Mit den in diesem Kapitel genannten Maßnahmen kannst du viel erreichen. Sei dir aber darüber im Klaren, dass nicht alle Konflikte offen ausgetragen werden. Ebenfalls eine Lektion, die ich während der Zeit gelernt habe, in der ich in der Politik gearbeitet habe. Die Möglichkeiten, Konflikte ganz unmerklich auszutragen, sind unerschöpflich und oft unsichtbar. Es gibt alte Seilschaften, über die die Strippen gezogen werden können. Eines Tages merkst du, dass du nicht mehr auf Listen gesetzt wirst. Es gibt Einladungen, die gezielt an Parteifreund*innen weitergeleitet werden, obwohl du der oder die Expert*in bist. In vielen solcher Fällen geht es meiner Meinung nach um Neid. Wem es gelingt, sich mit einem Thema zu positionieren, wird Neider haben. Auch der Konflikt »jung vs. alt« oder »neu vs. etabliert« hat ein unerschöpfliches Potential, um Neid auf beiden Seiten hervorzurufen. Gegen solche Konflikte kommt man nur schwer an.

Wenn es eine Botschaft gäbe, die ich in die Welt hinausrufen könnte, dann wäre es das: Nehmt die Dinge selbst in der Hand! Nicht weil das so schön ist, sondern weil ihr immer der Souverän über das seid, wofür ihr steht. Das ist etwas, das euch niemand nehmen kann.

Challenge: Hab immer einen Plan B in der Tasche

Was mir bis heute hilft: der berühmte Plan B. Das bedeutet nicht, dass ich einen exakten Schlachtplan in der Tasche habe, wenn morgen meine Themen nicht mehr »en vogue« sind. Aber es bedeutet, dass ich immer auch Themen im Hinterkopf – und hier und da auch bereits positioniert – habe, die unabhängig von meinen aktuellen Hauptthemen funktionieren. Für dich bedeutet dies: Überleg dir, welche Themen du unabhängig von Trends und deiner Positionierung besetzen könntest. Bist du beispielsweise Gründer*in? Dann pack dir Themen rund um Unternehmertum, Gründung oder Realisierung von Ideen auf deinen Plan B. Bist du in einem Unternehmen angestellt und gut in der Organisation? Beschäftige dich damit in deiner Positionierung!
Nimm dir die Zeit und denk über deine Plan-B-Themen nach!

IN ALLER KÜRZE:

In der Krise liegt die Kraft! Früher oder später wird der erste Shitstorm kommen. Die Frage ist dann: Wie gut bist du darauf vorbereitet? Was sind die ersten Schritte, wenn deine Marke angeschlagen ist? Welche Ad-hoc-Maßnahmen helfen, und wann ist es Zeit, das Land zu verlassen? In vielen Fällen kommt es darauf an, so schnell und überlegt wie möglich zu reagieren. Denn es geht um nicht mehr und nicht weniger als deinen Ruf. Neben Sofortmaßnahmen stellt sich aber auch die Frage, wie du langfristig mit Krisen umgehen kannst und deine gute Reputation aufrechterhältst.

KAPITEL 11

»FAKE IT UNTIL YOU MAKE IT« ODER DAS IMPOSTOR-SYNDROM

Warum es wichtig ist, Erfolge zu feiern

Bisher habe ich mich vor allem mit den Aspekten deiner Personal Brand beschäftigt, die dich im Kern auszeichnen – all deine Fähigkeiten, dein Können, dein Wissen oder deine Talente. Doch jetzt ist es an der Zeit, uns auch mit den Dingen zu beschäftigen, die du nicht kannst. Wie gehst du mit Wissen um, das zwar in deinen Bereich fällt, das du dir aber noch nicht angeeignet hast? Was ist mit Fähigkeiten, die du eigentlich besitzen müsstest, aber entweder kein Talent dafür hast oder einfach keine Zeit oder Lust, dich damit zu beschäftigen?

Einer der einfachsten Wege, mit fehlendem Wissen umzugehen, ist es, diesen Mangel zum Teil deiner Erfahrung zu machen. Sprich über das, was du nicht kannst, und stell eine Verbindung zu deinem Markenkern her – beispielsweise: »Ich bin eine wahnsinnig schlechte Krisenmanagerin, dabei habe ich aber gelernt, dass ich gut darin bin, mich um Details zu kümmern.« Aus einer Branding-Perspektive lohnt es sich also allemal, sich mit den Aspekten der eigenen Persönlichkeit zu beschäftigen, die nicht so ausgeprägt sind. Denn viele wissen nicht, wofür sie stehen – dafür wissen sie aber ganz genau, wofür sie nicht stehen. Je besser du also formulieren kannst, was du nicht kannst, desto leichter wird es, deinen Markenkern zu bestimmen.

!

Mach Fähigkeiten und Talente, die du nicht hast, zum Bestandteil deiner Brand. Damit machst du es anderen leichter, mit dir zu connecten und Teil deines Netzwerks zu werden.

Es bringt zusätzliche Vorteile mit sich, wenn du kommunizierst, was du nicht so gut kannst. Denn damit teilst du anderen mit, welche Fähigkeiten du vielleicht in einem Projekt oder ganz allgemein in deinem Netzwerk brauchen könntest. Gleichzeitig bietest du damit konkrete Ansatzpunkte für andere, um dich anzusprechen: »Ich habe gehört, dass du nicht so gut im Planen bist – da bin ich die perfekte Ergänzung für dich.« Je natürlicher es für dich ist, auch über die Fähigkeiten zu sprechen, die nicht so ausgeprägt sind, desto breiter wird dein Netzwerk aus Talenten sein, das du mit der Zeit aufbaust.

Fake it until you make it

Eine andere einfache Lösung im Umgang mit fehlendem Wissen oder nicht vorhandenen Fähigkeiten lautet: »Fake it until you make it!« Dieser Ansatz ist mit etwas Vorsicht zu genießen, kann aber durchaus gelingen. Ich empfehle allerdings, nur dann die eigenen Erfahrungen in einem Bereich zu übertreiben, wenn man wirklich an dem Thema interessiert ist oder sich in eine bestimmte Richtung entwickeln möchte. Es bringt niemanden etwas, wenn du beispielsweise behauptest, du hättest bereits erste Programmiererfahrung in Python und R, wenn du gerade erst dein Praktikum in der HR-Abteilung eines Softwareunternehmens absolviert hast. Wer sich wirklich darauf einlässt zu pokern, muss auch darauf gefasst sein, dass ein Bluff als solcher erkannt wird. Partygespräche sind noch die harmloseste Variante von Situationen, in denen man mit einer ausreichenden Portion Selbstvertrauen, einer Handvoll Halbwissen und ein paar gelungenen Pointen halbwegs glaubhaft vermitteln kann, dass man ein*e Expert*in ist. Spätestens in der Arbeitswelt, wo diese Methode ebenfalls durchaus Anwendung finden kann, wird es aber irgendwann ernst. Wenn du dich also wirklich auf dieses Spiel einlassen willst, sei dir bewusst, dass der Zeitpunkt kommt, zu dem du dann auch liefern können solltest. Es bringt also wenig, über die Maßen zu übertreiben, da die Menschen, die dir folgen, darauf zurückkommen werden. Ganz allgemein gilt, dass du dir bewusst machen solltest, dass du bei anderen Menschen Erwartungen weckst, wenn du als Expert*in für ein bestimmtes Thema nach außen trittst. Ich habe oft das Gefühl, als wäre ich der Telefonjoker bei *Wer wird*

Millionär. Dabei vergessen viele, dass auch ein Joker mal einen schlechten Tag haben kann. Und manche Dinge wissen selbst die besten Telefonjoker nicht.

Als Social Me musst du dir bewusst sein, dass die Menschen in deinem Netzwerk erwarten, dass du immer gleich performst. Es ist ein wenig wie bei bestimmten Berufsgruppen, die stets um Rat gefragt werden – ganz gleich, ob sie sich mit dem Fachgebiet auskennen oder nicht. Ärzt*innen oder Jurist*innen müssen beispielsweise gefühlt auf jeder Party die medizinischen und juristischen Fragen der anderen Gäste beantworten. Ein Stück weit ist dieser Umstand einfach auch menschlich.

! Wenn es um die Erwartung anderer an dich und deine Fähigkeiten geht, kann ich nur dazu raten: Bleib du selbst und glaub an dich! Sei überzeugt von dir selbst und deinen Fähigkeiten.

Ab einem gewissen Punkt musst du dir deiner Verantwortung als Personenmarke bewusst werden und dieses Bewusstsein im Alltag verankern. Wenn du einen Raum betrittst, in dem dich Menschen kennen, werden sie dich mit deinen Themen verknüpfen und entsprechende Erwartungen haben – auch wenn du einfach nur einen gemütlichen Abend verbringen wolltest. Bei mir äußert sich das in einer Grundaufregung, die ich vor jedem Auftritt habe. Ich stelle mir die Frage, was die Menschen im Publikum wohl von mir erwarten und ob ich diesen Erwartungen gerecht werde. Dann denke ich: »Ich will einfach nur weg«, und: »Warum mache ich das hier eigentlich?« Sobald ich aber die ersten Sekunden auf der Bühne stehe und mich warmgelaufen habe, ziehe ich Energie aus den Reaktionen des Publikums und bin wieder ganz bei mir, und ich weiß, dass ich hier genau am richtigen Ort bin.

Das Impostor-Syndrom

Es gibt aber auch Menschen, die das Gefühl haben, ihre Karriere sei ein Fake, obwohl sie ihre Position völlig zu Recht innehaben. Vielleicht hast du dich auch schon mal gefragt: Wann merkt jemand, dass ich eigentlich doch gar nicht so richtig Ahnung habe? Du erkennst dich in solchen Gedanken wieder? Dann solltest du dich in jedem Fall näher mit einem Phänomen befassen, das *Impostor-Syndrom* genannt wird. Alle, die dieses Gefühl nicht kennen, werden überrascht sein: Dieses Thema ist nicht unbedingt an Job-Einsteiger*innen oder Praktikant*innen gerichtet, sondern betrifft hauptsächlich Führungskräfte und Menschen, die in ihren Berufen sehr erfolgreich sind.

Mir begegnete das Impostor-Syndrom, auch Hochstapler-Syndrom oder Impostor-Phänomen genannt, zum ersten Mal im Zusammenhang mit meiner Beschäftigung mit beruflich erfolgreichen Frauen und ihren Herausforderungen in der heutigen Arbeitswelt. Das Impostor-Syndrom beschreibt das Gefühl, den beruflichen Erfolg eigentlich nicht verdient zu haben, oder das Gefühl, eine Position zu haben, für die man weder qualifiziert noch erfahren genug ist; es ist ein Gefühl, im Grunde genommen gar nichts so richtig zu können und dennoch belohnt zu werden. Viele Menschen, die diese Erfahrung machen, haben weniger die Befürchtung, dass sie im nächsten Moment versagen würden, sondern vielmehr das Gefühl, bald ertappt zu werden und nicht mehr mit ihrer »Hochstapelei« durchzukommen. Ursprünglich kommt der Begriff Impostor-Syndrom aus der Psychologie. Er geht auf eine Studie aus den 1970er Jahren zurück, in der festgestellt wurde, dass insbesondere erfolgreiche Frauen davon überzeugt sind, dass sie nicht besonders intelligent seien und dass ihre Leistungen überschätzt würden.[4] Sie fühlten sich wie Hochstaplerinnen, und das, obwohl beziehungsweise *gerade weil* sie beruflich erfolgreich waren. Zuerst wurde angenommen – übrigens fälschlicherweise –, dass es sich beim Impostor-Phänomen um ein Persönlichkeitsmerkmal handele. Dabei ist es wichtig festzuhalten, dass es sich dabei weder um eine psychische Krankheit noch um ein Symptom handelt.

» Viele Menschen gehen jeden Tag zur Arbeit und denken: »Ich habe keine Ahnung, was ich da eigentlich mache.« Das Gefühl, ein*e Hochstapler*in zu sein, nennt sich Impostor-Syndrom, ist aber keine Krankheit, sondern in vielerlei Hinsicht die Norm.

4 Pauline R. Clance, Suzanne A. Imes: »The impostor phenomenon in high achieving women. Dynamics and therapeutic intervention«, in: *Psychotherapy. Theory, Research, and Practice.* Volume 15, Issue 3, Fall 1978, pp. 241-247.

Darum ist auch die Bezeichnung als Syndrom oder psychologisches Phänomen vielleicht etwas irreführend. Das Impostor-Phänomen beschreibt viel eher eine Facette einer ganz normalen Erfahrung.

Zudem ist das Gefühl, ein*e Hochstapler*in zu sein, sehr viel weiter verbreitet, als man vielleicht annehmen würde. Laut neueren Studien halten sich Männer beispielsweise zu etwa dem gleichen Anteil für Hochstapler wie Frauen. Eine kurze Fußnote: Dieser Zusammenhang liefert ein bedeutsames Argument gegen die Einführung von Quoten. Denn Frauen, die aufgrund einer Quotenregelung gegenüber einem Mitbewerber eingestellt wurden, bekommen häufig den Eindruck vermittelt, dass gerade nicht ihre Leistung und Qualifikation für ihre Einstellung ausschlaggeben gewesen sind, sondern ihre Zugehörigkeit zu einer bestimmten Gruppe. Dasselbe gilt für die »positive Diskriminierung« (engl.: »affirmative action«) in den USA, bei der afroamerikanische Bewerber*innen als Wiedergutmachung für vergangenes Leid bevorzugt behandelt werden, anstatt ihre Leistung und Qualifikation zu sehen und anzuerkennen. Ende der Fußnote. Denn wie gesagt haben auch Menschen unabhängig davon, ob sie einer benachteiligten Gruppierung angehören, oft das Gefühl, dass ihre Karriere vor allem auf Glück und Zufällen basiert. Warum ist das so? Warum sollten die eigenen Erfolge, die eigene Karriere oder sonstige Errungenschaften nichts mit einem selbst, den eigenen Talenten, der eigenen Leistung oder den eigenen Fähigkeiten zu tun haben? Ich denke, dass es sich hier auch um einen Fall von selbsterfüllender Prophezeiung handelt. Denn viele Versuche, das Impostor-Phänomen zu entschärfen oder zu widerlegen, führen zu seiner Bestätigung. Schließlich beweist jeder Misserfolg ja die ursprüngliche Annahme, im Grunde nichts wirklich gut zu können und Erfolge nicht zu verdienen. Die Angst, dass sich diese Befürchtungen bestätigen, führt dazu, dass vom Impostor-Syndrom betroffene Menschen in Besprechungen oder bei Veranstaltungen lieber gar nichts sagen, um nicht ertappt zu werden oder den Verdacht auf sich zu lenken, der zur Annahme führt, sie seien zu Unrecht hier.

Introvertierte Menschen, die sich ohnehin gerne mit Selbstzweifeln beschäftigen, sind anfällig für das Impostor-Phänomen. Auch Menschen, die anfällig für Ängste oder Depressionen sind. Andere Untersuchungen legen nahe, dass Menschen mit ausgeprägtem Perfektionismus am Hochstapler-Syndrom leiden. Eindeutige Zusammenhänge oder gar Ursachen lassen sich aber nicht nachweisen. Eine Studie, die dies versuchte, fand keinen signifikanten Zusammenhang zwischen solchen Eigenschaften und dem Impostor-Phänomen.[5] Schätzungen zufolge sind ungefähr die Hälfte aller Führungskräfte vom Impostor-Phänomen in der einen oder anderen Form betroffen. Andere gehen sogar davon aus, dass 70 Prozent aller Menschen schon einmal das Gefühl hatten, ein*e Hochstapler*in zu sein.

---

5 Vgl. Sonja Rohrmann, Myriam Bechtoldt, Mona Wolff: »Validation of the impostor phenomenon among managers«, in: *Frontiers in Psychology* 7(466), June 2016, Article 821.

Wie man die Selbstzweifel besiegt

Selbstzweifel sollten nicht zur Verzweiflung führen. Wem es gelingt, zunächst einmal wertneutral festzustellen, dass er in einem Thema noch Expertise benötigt, kann daraus ableiten, was ihn in dem Themenfeld sicherer macht: mehr Wissen. Wem die Erfahrung in einem Bereich fehlt, kann Menschen suchen und befragen, die darin bereits Erfahrung haben. Ich bin selbst auch zutiefst davon überzeugt, dass Menschen nicht alles können müssen. Als Unternehmerin ist es nicht meine Aufgabe, alles zu können, und auch von meinen Mitarbeiter*innen erwarte ich nicht, dass jede*r Einzelne alle möglichen Talente mitbringt. Meine Aufgabe ist es, ein Team zusammenzustellen, in dem all das Wissen und alle Fähigkeiten versammelt sind, die dazu nötig sind, um das gemeinsame unternehmerische Ziel zu erreichen. Als Unternehmerin bin ich es auch gewohnt, meine eigenen Ideen infrage zu stellen. Dabei bewerte ich diesen Zweifel nicht als etwas Schlechtes, sondern versuche, daraus etwas Produktives zu ziehen. Ich stelle mir die Frage: Wie kann ich als Unternehmerin besser werden? Komme ich dabei an einen Punkt, an dem ich nicht aus eigener Kraft weiterkomme, verlasse ich mich auf das Urteil von Menschen, die sich mit diesem Thema auskennen. Bestimmte Dinge nicht zu können ist in Ordnung, ebenso wie es besser ist, einen Fehler zu machen, als gar nicht zu handeln. Denn die Angst, Fehler zu machen, kann zum Hemmnis werden. Viele Menschen leiden heute unter dem Gefühl, versagt zu haben und nichts zu können, selbst wenn ihnen nur kleine Fehler passieren. Dabei ist Irren bekanntlich menschlich. Die wenigsten Menschen können

Fehler, fehlendes Wissen oder nicht vorhandene Fähigkeiten wertneutral feststellen – und Fehler als etwas Positives zu begreifen klingt nach einem Widerspruch in sich. Dabei brauchen wir heute kaum etwas notweniger als das: den Mut, Risiken einzugehen und auch einmal einen Fehler in Kauf zu nehmen und daraus zu lernen.

> Fehler zu machen ist menschlich. Wem es gelingt, etwas daraus zu lernen, verwandelt Fehler in etwas Positives.

Menschen, die das Gefühl haben, sie seien ein*e Hochstapler*in, halten sich in Situationen lieber zurück, in denen es darum geht, sich zu äußern oder zu positionieren. Ein Fehler könnte anderen schließlich als ein Hinweis darauf dienen, dass sie im Grunde gar nichts können. Ich möchte aber alle Menschen mit Impostor-Syndrom nicht nur dazu ermutigen, ihr Wissen und ihre Fähigkeiten zu teilen, sondern ihre Gedanken und Gefühle bezüglich ihrer vermeintlichen Hochstapelei zum Ausdruck zu bringen. Es ist weder eine Krankheit, so zu empfinden, noch ist es eine Seltenheit, dass sich Menschen solche Gedanken machen. Da es keine Krankheit ist, geht es auch nicht darum, das Impostor-Syndrom zu besiegen oder zu überwinden. Es geht vielmehr darum, aus diesem Gefühl etwas Positives entstehen zu lassen. Darum möchte ich insbesondere Menschen, die erfolgreich in dem sind, was sie tun, sich aber dabei wie Hochstapler*innen fühlen, dazu ermutigen, ihre eigenen Leistungen anzuerkennen und auch die Leistungen anderer wahrzunehmen und wertzuschätzen. Ich möchte sie dazu ermuntern, zu dem zu stehen, was sie nicht wissen oder nicht können, aber nicht daran zu verzweifeln. Zuzugeben, dass es noch Dinge gibt, die man lernen muss, dass man noch mehr Erfahrungen sammeln will und muss, ist etwas durch und durch Positives und Erstrebenswertes. Und nicht zuletzt möchte ich allen, die beruflich erfolgreich sind, sagen: Ganz gleich, ob ihr euch euren Erfolg selbst zugesteht oder nicht – das, was ihr bisher gelernt und geleistet habt, hat euch dorthin gebracht, wo ihr heute seid. So falsch kann es also nicht gewesen sein. Gesteht euch zu, dass ihr den Erfolg verdient habt, und holt euch weiterhin den Erfolg, den ihr verdient. Das könnt ihr, indem ihr euch emanzipiert. Versteht euch als aktiv handelnde Persönlichkeiten und nicht als dem Zufall und Glück ausgelieferte Objekte des Schicksals. Ihr habt es in der Hand, eure Erfolge und eure Geschichte sichtbar zu machen. Anderen den Mut zu geben, dies ebenfalls zu tun und sich dabei nicht schlecht zu fühlen.

Die Tatsache, dass sogar die erfolgreichsten Menschen sich fühlen, als seien sie Hochstapler*innen, ist eigentlich eine gute Nachricht. Sie beweist: Es spielt keine Rolle, wie erfolgreich du jemals sein wirst, denn das Gefühl, es nicht verdient zu haben, verschwindet nicht mit steigendem Erfolg. Du kannst also getrost jetzt sofort damit aufhören zu glauben, du hättest deine Erfolge nicht verdient. Fang vielmehr an, dir den Erfolg zu holen, den du verdienst. Wenn du zu dem stehst, was du nicht weißt, wirst du auch anderen zum Vorbild. Steh zu einem Makel, gib Fehler zu oder erzähle, dass du jahrelang von etwas ganz Entscheidendem in deinem Fachbereich nichts wusstest – vielleicht hilfst du genau damit jemandem, sich selbst nicht für etwas schlecht zu fühlen, wofür man sich nicht schlecht fühlen muss. Natürlich möchte ich jetzt nicht alle ermuntern, nur noch darüber zu sprechen, was sie alles nicht können. Aber es sollte kein Tabu sein, bestimmte Dinge nicht zu wissen oder zu können und bestimmte Leistungen nicht erbracht zu haben. Ich wünsche mir, dass Führungskräfte verstärkt die Leistungen sehen und anerkennen, die Menschen liefern, anstatt nur dorthin zu schauen, wo noch nicht alles perfekt ist. Allein die Tatsache, dass sich manche Menschen wie Hochstapler*innen fühlen, sollte genügen, hin und wieder ein Lob für Leistungen auszusprechen oder besondere Talente und Begabungen zu benennen und wertzuschätzen.

Ich glaube, dass es einen weiteren Grund gibt, warum das Impostor-Phänomen entstehen und so große Verbreitung finden konnte. Dieser Zusammenhang hat sehr viel weniger mit uns als einzelnem Individuum zu tun, sondern vielmehr mit uns als Gesellschaft. Denn ein wesentlicher Teil des Problems ist, dass wir keinen positiven und produktiven Umgang mit Fehlern erlernen. In manchen Unternehmen wird zwar inzwischen von einer Fehlerkultur gesprochen, wenn sie es gelernt haben, auf fehlendes Wissen und nicht ausreichende Fähigkeiten von Mitarbeiter*innen mit Hilfeangeboten zu reagieren. Allerdings reichen solche Insellösungen nicht aus, um eine Gesellschaft als Ganzes zu verändern. Wir müssten wieder einmal in den Schulen und Universitäten – übrigens dem Ort, an dem das Impostor-Phänomen am meisten verbreitet ist – ansetzen. Aber schon in der Schule lernen wir, dass Nicht-Wissen und Nicht-Können nicht etwa die Motivation nach sich zieht, etwas Neues zu lernen oder besser zu werden – sondern erst einmal eine schlechte Note.

Wie ich bereits im Zusammenhang mit der Definition deines Alleinstellungsmerkmals ausgeführt habe (vgl. Kapitel 3: »Was macht dich einzigartig«), führt der Vergleich mit anderen in der Regel nicht dazu, sich selbst besser kennenzulernen. Dennoch liegt es nahe, uns und unsere Wertschätzung für uns selbst immer in Abhängigkeit zu den Leistungen von anderen zu setzen. Der permanente Vergleich mit anderen wird früh in unseren Köpfen verankert. Die Frage, wer etwas besser kann, prägt unser Schul- und Bildungssystem. Benotungen helfen dabei, Vergleichbarkeit herzustellen. Auch wenn ich gegen eine Abschaffung des Notensystems bin, finde ich, dass persönliche Leistungen stärker wertgeschätzt werden sollten. Der permanente Vergleich mit anderen führt auch dazu, dass wir uns selbst, unser Können, unsere Leistungen und unsere Erfolge schlechter bewerten, als sie eigentlich sind. Wenn jemand heute einen Schritt weiter ist als noch vor einem Jahr, ist das eine Leistung und ein Erfolg, auf den sie oder er zu Recht stolz sein sollte. Es spielt keine Rolle, was andere in dieser Zeit erreicht haben, wenn die eigene Leistung beurteilt werden soll. Der Vergleich und die Konkurrenz zu anderen sind noch aus einem anderen Grund problematisch. Am Anfang dieses Kapitels habe ich erwähnt, welche Rolle Aspekte unserer Persönlichkeit spielen können, bei denen noch Luft nach oben ist. Wer die eigenen Fähigkeiten nur in Abhängigkeit zu anderen beurteilt, verbaut sich mit dieser Sichtweise einen der wichtigsten Lösungswege, um etwas Neues zu lernen oder etwas zu erreichen, was man aus eigener Kraft nicht schafft: Kollaboration.

» Der Vergleich mit anderen bringt uns nicht weiter. Ein positiver Umgang mit den eigenen Fehlern schon. Wer wertneutral das Fehlen einer Fähigkeit feststellt, kann sich vornehmen, diese zu lernen.

Erfolge feiern lernen

Zur Wertschätzung unserer Leistungen gehört es auch, die eigenen Erfolge zu feiern. Für mich war dies lange Zeit keine Selbstverständlichkeit. Und das hat zwei Gründe. Zum einen, weil ich gelernt habe, dass Bescheidenheit ein wichtiger Wert ist und Hochmut vor dem Fall kommt. Zum anderen lag das daran, dass Storytelling nicht immer meine Stärke war – wann, wenn nicht in diesem Kapitel könnte ich das zugeben! Als ich beispielsweise vor einigen Jahren im Rahmen eines Start-up-Events angesprochen und gefragt wurde: »Na, wie bist du in die Start-up-Szene reingerutscht?«, gab ich so etwas wie einen Rechenschaftsbericht von mir. »Über Umwege. Erst war ich einige Jahre in der Politik tätig, dann bin ich in die Wirtschaft gewechselt. Als ich für einen Verband tätig war, hatte ich mit einigen E-Commerce-Unternehmen zu tun, unter denen auch viele Start-ups waren. Und du?« Mit jedem Satz, der nun folgte, wünschte ich mir, die Zeit zurückdrehen zu können. »Ich komme aus einem Unternehmerhaushalt. Gründen gehört da fast schon zur Tradition. Aber ich ging erst einmal an die WHU, auch wenn ich zu dem Zeitpunkt schon wusste, dass ich gründen will. Irgendwann ging es Schlag auf Schlag: Ideen sammeln, Business-Plan skizzieren, Investoren finden und zack – schon waren wir online!« In diesem Moment kam ich mir so langweilig vor wie meine Steuererklärung.

Besonders für Menschen, die in Deutschland sozialisiert und aufgewachsen sind, ist es eine Herausforderung, sich selbst gut zu verkaufen. Es gibt kaum Gelegenheiten, bei denen wir lernen, unsere eigene Geschichte interessant und unterhaltsam zu erzählen. Auch gilt es vielen Menschen als tabu, sich selbst und die eigenen Errungenschaften zu sehr ins Rampenlicht zu rücken. Umgekehrt ist das Loben verpönt – in manchen Gegenden gilt sogar das Sprichwort »Nicht geschimpft ist genug gelobt«. Wenn es ums Personal Branding geht, sollte man die Tugend der Bescheidenheit über Bord werfen.

> Stell deine eigenen Erfolge nicht in den Schatten, sondern rücke sie ins beste Licht. Eine gesunde Portion Selbstüberschätzung ist beim Personal Branding genau das richtige Maß.

Mit einer positiven Einstellung gegenüber Fehlern ist es allerdings noch nicht getan – auch wenn ich das für einen unschätzbar wichtigen Schritt halte, den wir als Gesellschaft gehen müssen. Gleichzeitig müssen wir auch lernen, die eigenen Leistungen positiv wertzuschätzen. Das ist ein Aspekt, der mir bei der Diskussion rund um das Impostor-Phänomen zu kurz zu kommen scheint. Wir müssen lernen, unsere Erfolge zu feiern. Warum sollte man auf das, was man geleistet hat, nicht stolz sein können? Aber auch ein positiver Umgang mit den eigenen Erfolgen ist wiederum nur ein Schritt. Denn mir geht es nicht nur darum, dass wir lernen, uns über die eigenen Erfolge zu freuen und uns auf dem Erfolg auszuruhen. Meiner Erfahrung nach nimmt das Impostor-Gefühl auch ab, wenn man sich hineinlehnt. Wenn du merkst, dass du dein Blatt überspielst und in einem Bereich viel weniger Ahnung hast, als du in einem Gespräch behauptest – nimm das als gegebenen Anlass, um mehr darüber zu lernen. Wenn du merkst, dass du an Grenzen stößt –, frag Menschen, die sich damit auskennen. Eines meiner wichtigsten Ziele beim Networking lautet: Bau dir ein Netzwerk aus Talenten, die du selbst nicht hast. Die zentrale Botschaft, die sich aus Personal-Branding-Perspektive hinzufügen lässt, lautet: Hol dir den Erfolg, den du verdienst.

Die vielleicht schwerste Challenge von allen: Feiere deinen Erfolg oder erzähle von etwas, das du nicht kannst

Überleg dir, was du in der letzten Zeit erreicht hast, und teile deinen Erfolg mit deinen Freund*innen und Kolleg*innen. Es können auch kleine Erfolge sein: Ein*e Kolleg*in hat dich gelobt, weil du ihm oder ihr bei etwas weiterhelfen konntest? Erzähl es weiter! Lerne, auf dein Wissen und dein Können stolz zu sein.

Für Fortgeschrittene: Finde etwas, das du nicht kannst, aber gerne lernen würdest. Erzähl deinem Netzwerk, warum es für dich wichtig ist, dir ein bestimmtes Wissen anzueignen, warum es dir bisher nicht gelungen ist, welche Schwierigkeiten du mit einem Thema hattest oder was dir bisher für Situationen aufgefallen sind, in denen du eine bestimmte Fähigkeit gerne gehabt hättest.

Für die ganz Harten: Such etwas, von dem du überhaupt keine Ahnung hast, von dem aber andere vermuten würden, dass du dich auskennst. Beweise wahren Mut zur Lücke und erzähl zum Beispiel, warum du das Wissen oder die Fähigkeit noch nie gebraucht und nie vermisst hast. Es geht dabei nicht um Seelen-Striptease, sondern darum zu zeigen, dass Nicht-Wissen oder Nicht-Können nichts mit Versagen zu tun hat.

IN ALLER KÜRZE:

Bisher beschäftigten wir uns mit der Frage, wie du deine Talente, dein Wissen und deine Fähigkeiten zu deinem Markenkern machen kannst und dich mit deinem Thema positionierst. In diesem Kapitel ging es nun um die Dinge, die du *nicht* kannst. Wie können diese zu einem Teil deiner Brand werden? Wie kannst du dein Nicht-Können strategisch einsetzen? Macht es Sinn, bestimmte Fähigkeiten zu faken, obwohl du sie noch nicht beherrschst?
Dieses Kapitel widmete sich aber auch einem damit verwandten Phänomen. Denn es gibt Menschen, die Erfolg im Beruf haben und dennoch davon überzeugt sind, dass sie sie bald als Hochstapler*in entlarvt werden. Das Impostor-Syndrom beschreibt dieses unbehagliche Gefühl, unter dem neben Student*innen vor allem Manager*innen und Menschen in Führungspositionen leiden. Was kann man gegen das Impostor-Syndrom tun? Meine Haltung dazu lautet: Lerne deine Erfolge zu feiern, sei stolz auf deine Leistungen und am Ende des Tages: Bleib du selbst.

KAPITEL 12

SO SCHAFFST DU ES, DIR TREU ZU BLEIBEN

Deine Agenda, dein Leben

Sichtbarkeit und Reichweite sind zwei der zentralen Elemente, die Personenmarken so erfolgreich machen. Zugleich sind dies zwei Ziele, die auch Unternehmen verfolgen. Darum liegt der Schluss nahe, im Rahmen der Konzeption einer starken Arbeitgebermarke die eigenen Mitarbeiter*innen als Personenmarken zu verstehen und sie zu nutzen, um die eigenen Themen zu kommunizieren und Einblick ins Unternehmen zu bieten. Letzteres ist besonders angesichts des sich verschärfenden Fachkräftemangels eine Notwendigkeit. Doch nur weil diese Überlegungen aus der Perspektive der Unternehmen sinnvoll und nachvollziehbar erscheinen, bedeutet das nicht, dass sich Maßnahmen so einfach »einführen« lassen. Zwar ist die Vorstellung, dass Mitarbeiter*innen zu Markenbotschafter*innen beziehungsweise Corporate Influencer*innen für das Unternehmen werden, reizvoll. Dennoch lässt sich dies nicht einfach als weiterer Bullet Point in die Aufgabenbeschreibung aufnehmen. Meine Erfahrung ist vielmehr, dass Unternehmen regelmäßig an dem Wunsch und dem Bemühen, ihre Mitarbeiter*innen diesbezüglich zu motivieren, scheitern. Das liegt unter anderem daran, dass ihre Vorstellung von Personal Branding sehr stark von dem abweicht, was die Mitarbeiter*innen sich vorstellen oder wozu sie bereit sind. Hier steht oft dieselbe Vorstellung im Wege, die auch die Idee vom Social Selling prägt.

Oft ist es auch eine Frage der Glaubwürdigkeit. Wer lässt sich schon gerne vorschreiben, über das eigene LinkedIn-Profil den Arbeitgeber ab und zu mal positiv zu erwähnen. In diesem Kapitel möchte ich mich darum mit den zwei Aspekten von Employer Branding befassen: Was können einerseits Unternehmen tun, um ihre Mitarbeiter*innen erfolgreich zu Employer Brands zu machen? Und was können andererseits die Mitarbeiter*innen tun, um als Personenmarken innerhalb eines Unternehmens sie selbst zu bleiben, ohne das Gefühl zu haben, im Namen eines anderen zu sprechen?

Wie Unternehmen zu erfolgreichen Arbeitgebermarken werden

Die Frage, warum Unternehmen zu einer Arbeitgebermarke werden wollen, ist schnell geklärt. Schließlich herrscht der War for Talents, und den kann man nicht mit Stellenanzeigen gewinnen. Auch wenn es sie immer noch gibt. Ich kann – allein aus Unterhaltungsgründen – auch nur dazu raten, immer wieder einmal einen Blick auf die aktuelle Anzeigenprosa zu werfen. Dort bekommt man schnell einen Eindruck davon, wie uniform es in den Unternehmen zugehen würde, wenn alle Bewerber*innen dem entsprechen würden, was dort steht: Alle haben mindestens ein Auslandspraktikum gemacht und sprechen fließend zwei bis drei Sprachen. Neben dem obligatorischen Studium haben alle mindestens ein Volontariat und mehrere Jahre Berufserfahrung zu verzeichnen. Natürlich sind alle immer voller Einsatzbereitschaft und Teamgeist. Wer könnte auch anders, bei all den leckeren Snacks, ohne die sich heute kein Arbeitgeber mehr sehen lassen kann. Gleichzeitig versprechen die Unternehmen in ihren Stellenanzeigen flexible Arbeitszeiten und zahlreiche Fortbildungsmöglichkeiten. Die Gefahr, dass bei Bewerber*innen ein falsches Bild erzeugt wird, ist damit jedoch sehr hoch.

» Das Motto muss beim Employer Branding lauten: Mehr Realität und weniger Utopie.

Eine große Zahl der Unternehmen hat bereits verstanden, dass sie sich um ihre Zukunftsfähigkeit kümmern müssen. Eine Arbeitgebermarke ist allerdings nicht die Lösung für diese Ziele, sondern lediglich ein Hilfsmittel. Das kann ich immer wieder feststellen, wenn ich Unternehmen berate: Die Prospekte der Unternehmen sehen toll aus. Dort wird auf Hochglanzpapier mit beeindruckenden Fotos und vollmundigen Versprechen präsentiert, wie divers, modern und attraktiv die Arbeitskultur ist. Oft genügt schon ein Blick in die Büros oder Produktionshallen, um zu sehen, dass diese Versprechungen einem Realitätscheck keine fünf Minuten standhalten würden. Spätestens bei Gesprächen mit den Mitarbeiter*innen wird oft klar, dass Diversität, Work-Life-Balance und flache Hierarchien Begrifflichkeiten sind, die die Grenzen der Marketing-Abteilung nicht verlassen haben.

> » Der größte Feind von Employer Branding ist die Realität in den Unternehmen. Hochglanzbroschüren und Arbeitskultur müssen in Einklang stehen, damit die Glaubwürdigkeit einer Arbeitgebermarke gewährt ist.

In den gedruckten Werbebroschüren werden selbst große Corporates schnell zu coolen, hippen Start-ups. Auch die arrangierten Fotos von der Profifotografin, die auf vielen Facebook-Seiten von Unternehmen zu finden sind, hinterlassen einen wenig realistischen Eindruck. Ich frage mich, was die perfekten Social-Media-Auftritte der Unternehmen bringen sollen, wenn die Bewerber*innen spätestens vor Ort sehen, dass in Wirklichkeit vielleicht nicht alles so perfekt ist. Bevor es mit dem Arbeitgeber-Branding losgehen kann, müssen darum Inhalte stärker in den Fokus gerückt werden. Mit Employer Branding allein werden Ziele wie Mitarbeiter*innengewinnung, Mitarbeiter*innenbindung und Talentmanagement nicht erreicht werden. Unternehmen müssen sich fragen, mit welcher Botschaft sie wahrgenommen werden wollen. Welche Wirkung soll damit erzielt werden? Was macht den Markenkern unseres Unternehmens wirklich aus? Die Frage, welche Personen diese Botschaft am besten verkörpern können, entscheidet sich oft von allein, wenn diese Fragen beantwortet werden. Wenn das Image ein realistisches Identifikationspotential für die Mitarbeitenden darstellt, fühlen sich die Menschen im Unternehmen automatisch davon angesprochen und tun sich leichter, von sich aus aktiv zu werden. Wenn Unternehmen ihre Mitarbeiter*innen darin bestärken, als Markenbotschafter*innen nach außen zu treten, müssen sie ihnen auch versichern, dass ihnen Freiräume für diese Aktivitäten eingeräumt werden, und sie dabei unterstützen. Niemand wird sich freiwillig als Corporate Influencer*in engagieren, wenn es als zusätzliche Aufgabe zu allen anderen Verpflichtungen dazukommt.

> » Unternehmen müssen sich bewusst werden, dass sie Experten für ihre Themen sind. Ohne konkrete Inhalte macht Employer Branding keinen Sinn.

Viele Unternehmen unterschätzen, welche Prozesse sie anstoßen, wenn sie sich das Thema Employer Branding auf die Agenda setzen. Das erlebe ich immer wieder, wenn es um die beiden Themenkomplexe Diversität und New Work geht. Diversität lässt sich nicht beschließen oder über Nacht einfach herstellen. Wenn Diversität ernst genommen wird, bedeutet das verschiedene Charaktere, verschiedene Ansichten und verschiedene Lösungen zulassen und aushalten. Ein einfaches Richtig oder Falsch gibt es nicht mehr. Diversität bringt verschiedene Bedürfnisse und unterschiedliche Perspektiven zusammen. Unternehmen sollten sich keine Illusionen machen: Wenn Menschen aus unterschiedlichen Generationen, mit unterschiedlichem Bildungshintergrund oder Menschen aus anderen Ländern und Kulturen zusammenarbeiten, bedeutet das erst einmal mehr Anstrengung. Die gute Nachricht lautet, dass sich diese Anstrengungen lohnen. Mehrere wissenschaftliche Studien bestätigen, dass Unternehmen mit diversen Teams durchweg wirtschaftlich erfolgreicher sind als solche mit einer homogenen Belegschaft.[6] Im Zuge von New Work propagieren viele Unternehmen, dass in Zukunft viel stärker abteilungsübergreifend zusammengearbeitet werden muss. Agilität ist schließlich ein Schlüssel in einem immer dynamischeren Marktumfeld. Dabei wird zu oft übersehen, dass dadurch auch ein großes Konfliktpotential entsteht. Auch kosmetische Scheinlösungen führen nicht zum Ziel. In einem Unternehmen, das sich das Thema New Work groß auf die Fahnen geschrieben hatte, wurde mir einmal ein Großraumbüro gezeigt, in dem auch der Schreibtisch des Abteilungsleiters stand. Dazu wurde mir einschränkend erklärt, dass dieser jedoch nicht jederzeit persönlich angesprochen werden dürfe, sondern nach wie vor ein Termin mit seiner Sekretärin vereinbart werden müsse. Nur wenn Unternehmen echte Veränderungen auf sich nehmen und den Transformationsprozess wagen, können sie von den Vorteilen profitieren, die eine neue Arbeitskultur ohne Zweifel bietet.

---

6 Vgl. Stephan Vopel: *Faktor Vielfalt. Die Rolle kultureller Vielfalt für Innovationen in Deutschland*, Gütersloh: Bertelsmann Stiftung, 2018; McKinsey & Company (Hg.): *Delivering Through Diversity*, o.O., 2018; McKinsey & Company (Hg.): *Vielfalt siegt! Warum diverse Unternehmen mehr leisten*, o.O., 2011; oder Frank Herbrand: *Interkulturelle Kompetenz. Wettbewerbsvorteil in einer globalisierenden Wirtschaft*, Bern: Paul Haupt Verlag, 2000.

» Diversität und New Work bedeuten, unterschiedliche Ansichten und Perspektiven zuzulassen und Konflikte auszuhalten. Erst wenn Unternehmen das gelingt, sollten sie Diversität und New Work zu ihrem Markenkern machen.

Große Unternehmen und Corporates haben im Vergleich zu früher an Attraktivität eingebüßt. Längst ist es für viele junge Talente nicht mehr erstrebenswert, zum größten Arbeitgeber in der Region zu gehen. Die Arbeit in der Selbständigkeit oder in Start-ups ist oft attraktiver, weil hier die Ideale von New Work längst realisiert sind. Für Unternehmen bedeutet das, dass sie verstärkt dort präsent sein müssen, wo diejenigen Talente sind, die sie ansprechen wollen. Neben den digitalen Plattformen dürfen aber auch analoge Formate nicht vergessen werden. Echte Begegnungen und Gespräche, die einem echten Austausch dienen, sind dafür unersetzlich. Konkret bedeutet das, dass Unternehmen vermehrt die Bereitschaft zeigen müssen, Zeit zu investieren und Offenheit zu zeigen. Nur so können sie erfahren, was sie in Zukunft besser machen können und welche Erwartungen junge Menschen an die Arbeitswelt von morgen haben.

Zwischen Personenmarke und Arbeitgebermarke

Erst nachdem Unternehmen in einen echten Transformationsprozess eingestiegen sind und geklärt haben, mit welchen Inhalten sie wahrgenommen werden wollen, kann der zweite Schritt erfolgen. Dabei möchte ich zunächst auf eine Selbstverständlichkeit hinweisen: Es macht nur Sinn, Markenbotschafter*in für ein Unternehmen zu werden, wenn dies auf freiwilliger Basis geschieht. Niemand sollte sich gezwungen fühlen, an einem Employer-Branding-Programm teilzunehmen. Warum sollte dann überhaupt noch jemand zur Markenbotschafter*in werden? Ich finde, dass es in der Tat viele gute Argumente gibt, die dafür sprechen, genau das zu tun. Mitarbeiter*innen sind die besten Botschafter*innen für ihre Unternehmen. Wenn du davon überzeugt bist, mit deiner Arbeit einen wertvollen Beitrag zu leisten, für den du stehen kannst, solltest du dies anderen mitteilen. Vor allem dann, wenn deine Arbeit in Einklang mit deinem Markenkern steht, baust du dich als Personenmarke damit weiter konsistent aus. Zudem ermöglichst du dir damit, dein Netzwerk gezielt zu erweitern. Je nachdem, für welches Unternehmen du arbeitest, kannst du dabei vom Namen und der Bekanntheit deines Arbeitgebers profitieren. Beispielsweise kann dir die Bekanntheit weltweit agierender Konzerne wie Coca-Cola, Microsoft oder PayPal dabei helfen, deine eigene Bekanntheit zu steigern, dich international zu vernetzen oder deinen Wiedererkennungseffekt zu steigern. Wer die eigene Brand stark mit der Brand eines Unternehmens verknüpft, geht natürlich auch Risiken ein. Sobald du das Unternehmen wechselst, bedeutet das mehr Anstrengungen, um deinem Social Me wieder einen neuen Anstrich zu verleihen. Vor allem dann, wenn deine inhaltliche Arbeit sehr eng mit den Inhalten deines Arbeitgebers verwandt ist, musst du dich thematisch neu positionieren. Wie bereits im Kapitel über Re-Branding ausgeführt, sind Veränderungen dieser Art durchaus normal, sollten aber mit einer entsprechenden Strategie angegangen werden. Dennoch rate ich dir dazu, darauf zu achten, dich in deiner Rolle als Corporate Influencer*in nicht nur als Repräsentant*in deines Arbeitsgebers zu verstehen. Corporate Influencer*innen unterscheiden sich genau dadurch von der beziehungsweise dem CEO, dass sie zeigen, wie die echten Gesichter des Unternehmens aussehen. Du solltest dich darum in dieser Rolle auch nicht darin einschränken lassen, deine persönlichen Ansichten zu äußern, oder dich gezwungen fühlen, eine lebendige Pressemitteilung zu werden.

> **!** Als Corporate Influencer*in solltest du darauf achten, als eigenständige Marke wahrgenommen zu werden.

Als Corporate Influencer*in hast du darüber hinaus die Möglichkeit, anderen zum Vorbild zu werden. Das halte ich insbesondere dann für wichtig, wenn dir Themen wie Diversität ein Anliegen sind. Wenn du dir beispielsweise mehr Frauen in Führungspositionen wünschst, gibt es für dich als Frau kaum einen besseren Weg, als selbst sichtbar zu werden – und zwar unabhängig davon, ob du bereits eine Führungsposition innehast oder nicht. Entweder, weil du dadurch für andere ein Vorbild bist oder weil du mit deinen Themen sichtbar wirst und die Wahrscheinlichkeit eines Karriere-Steps steigt.

Mit deiner Sichtbarkeit als Corporate Influencer*in kannst du vieles bewirken. Ich möchte an drei verschiedenen Beispielen zeigen, wie sich diese Sichtbarkeit für dich auszahlen kann.

Beispiel 1: Du bestimmst, wie dein Unternehmen wahrgenommen wird

Bestimmte Unternehmen haben ein Image-Problem. Sei es, weil sie negativ in den Nachrichten auftauchen, sei es, weil sie gesellschaftlich einen schlechten Ruf haben. Aber auch für diese Unternehmen arbeiten Menschen, weil sie von ihrer Arbeit und von ihrem Arbeitgeber überzeugt sind. Häufig ist es dann so, dass du bei Partygesprächen oder Diskussionen mit deinen Eltern ausschließlich darüber reden musst, welchen Ruf das Unternehmen hat, für das du arbeitest. Vielleicht würdest du aber viel lieber darüber sprechen, was dich an deiner Tätigkeit interessiert und warum du trotz der allgemeinen Wahrnehmung gerne für das Unternehmen arbeitest. Meiner Erfahrung nach haben auch Menschen, die für Unternehmen arbeiten, die in Verruf geraten sind, gute Beweggründe, um dort zu bleiben. Sie lieben ihre Arbeit und geben jeden Tag ihr Bestes. Als Corporate Influencer*in hast du die Chance, das Narrativ mitzubestimmen. Wenn es dich stört, wie dein Arbeitgeber wahrgenommen wird, tritt mit einer positiven Botschaft nach draußen. Deine Geschichte kann den Unterschied machen und Menschen zum Nachdenken bringen. Anstatt nur Schwarz und Weiß zu sehen, beweist du, dass es Graustufen gibt.

> » Corporate Influencer*innen geben ihrem Unternehmen ein Gesicht und können ihre Perspektive starkmachen. Statt Vorurteile zu verbreiten, bieten sie Geschichten aus erster Hand.

Beispiel 2: Du machst dich und deine Themen sichtbar
Wenn du in deinem Unternehmen aufsteigen möchtest oder dich für bestimmte Themen interessierst, die dein Arbeitgeber vielleicht noch gar nicht auf dem Schirm hat – dann solltest du Corporate Influencer*in werden. Du kannst auf deine Überzeugung aufmerksam machen, dass beispielsweise ein bestimmtes Thema zu kurz kommt. Allein die Tatsache, dass du mit deinem Anliegen sichtbar wirst, bringt dich voran. Du zeigst, dass du engagiert bist, und erhältst vielleicht die Möglichkeit, in einem interessanten Projekt mitzumachen. Sichtbarkeit hilft dir auch dabei, dich intern besser zu vernetzen. Deine Kolleg*innen werden dich mit deinem Thema in Verbindung bringen, dich darauf ansprechen und dich vielleicht mit der Person vernetzen, die dich weiterbringen wird.

» Als Corporate Influencer*in wirkst du auch nach innen: Du wirst mit deinem Thema und deinen Ambitionen wahrgenommen und baust intern ein Netzwerk auf.

Beispiel 3: Als Corporate Influencer*in kannst du Veränderungen anstoßen
Deine Stimme als Corporate Influencer*in zählt etwas, weil dir Aufmerksamkeit geschenkt wird. Und bekanntlich ist Aufmerksamkeit die Währung der Macht. Wenn Menschen dir zuhören, bekommt deine Botschaft Gewicht. Du kannst dich nicht nur selbst als Expert*in positionieren, sondern kannst

durch dein Handeln Diskussionen und sogar Veränderungsprozesse anstoßen. Nehmen wir an, du möchtest auf deine Situation als Alleinerziehende hinweisen und wünschst dir, flexibel im Homeoffice arbeiten zu können. Wenn du deine Motivation und deine Vision kommunizierst, vertrittst du deine Position und verschaffst dir Gehör. Im besten Fall findest du Mitstreiter*innen, denen es genauso geht wie dir und mit denen du eine strategische Allianz bilden kannst. Als Corporate Influencer*in kannst du zum Vorbild für andere werden. Du schaffst ein Bewusstsein für deine Anliegen und ermöglichst es anderen, sich mit dir zu vernetzen.

» Als Corporate Influencer*in kannst du Veränderungsprozesse anstoßen, Gleichgesinnte finden und strategische Allianzen bilden.

Menschen folgen Menschen – nicht Unternehmen

Einer der Einwände, der mir in diesem Zusammenhang am häufigsten begegnet, lautet: Wen interessiert denn, was ich denke oder was ich mache? Das erstaunt mich umso mehr, weil ich immer wieder in Unternehmen komme, in denen die Mitarbeiter*innen ganz wundervolle Dinge auf die Beine stellen. Sie helfen in der Region, engagieren sich in sozialen Projekten, integrieren Menschen mit Behinderung – aber oft erfährt niemand davon. Dabei sind es gerade solche Geschichten, die anderen Menschen Mut machen und sie zur Nachahmung einladen. Ich kann darum nur alle darin bestärken, ihre Geschichte und ihr Engagement sichtbar zu machen. Heute ist dies dank der Möglichkeiten, die die Social Media bieten, einfacher als jemals zuvor. Als Corporate Influencer*in kannst du dir und deinem Arbeitgeber mehr als nur ein Gesicht und eine Stimme verleihen. Durch Corporate Influencer*innen entstehen Nahbarkeit und Echtheit, die einem Unternehmen mehr als alles andere eine Seele verleihen können.

» Menschen folgen Menschen – nicht Unternehmen.

Challenge: Finde Menschen, die dich inspirieren

Such dir drei Menschen aus verschiedenen Unternehmen und folge ihnen. Das können Corporate Influencer*innen sein oder auch Menschen, die dich inspirieren. Schreib dir heraus, welche Aspekte du in der Positionierung dieser Menschen am spannendsten findest. Ist es die Tonalität? Sind es die Inhalte? Die Art der Postings?
Erstell eine Liste mit allen Aspekten, die du besonders gut findest. Diese Challenge soll dir zeigen, was dich inspiriert und mit welchen Aspekten du dich auch selbst wohlfühlen könntest. So findest du mit der Zeit heraus, welche Tonalität und Art der Positionierung auch für dich passend sein kann.

IN ALLER KÜRZE:

Employer Branding ist heute für Unternehmen zu einem der beliebtesten Lösungsansätze im War for Talents geworden. Dabei übersehen viele, dass es nicht ausreicht, in einer Hochglanzbroschüre zu behaupten, wie wichtig Diversität, Digitalisierung und New Work sind. Ein Blick in die Unternehmen beweist oft schnell das Gegenteil. Dabei wäre kaum etwas glaubwürdiger als Mitarbeiter*innen, die von ihren positiven Erfahrungen berichten. Unternehmen, die dies erreichen möchten, müssen sich fragen, mit welcher Botschaft sie glaubhaft nach außen treten können und wollen.

Nur wenn der Markenkern mit der Realität übereinstimmt, werden Mitarbeiter*innen als Markenbotschafter*innen aktiv werden. In diesem Kapitel hast du erfahren, warum es sich auch für dich auszahlt, zur Corporate Influencer*in zu werden.

KAPITEL 13

PERSONAL BRANDING IM DIGITALEN ZEITALTER

Dein Social Me in der kollaborativen Arbeitswelt

Spätestens im digitalen Zeitalter *müssen* sich alle Menschen mit dem Thema Personal Branding auseinandersetzen. Allein angesichts der unfassbaren Fülle an Informationen ist eine Personenmarke ein hilfreiches und effektives Tool, um deine Geschichte, deine Fähigkeiten und Ziele zu kommunizieren. Zudem müssen wir ein Bewusstsein dafür entwickeln, was es bedeutet, heute ein Social Me zu haben beziehungsweise zu sein. Man kann fast täglich beobachten, welche Folgen ein unreflektierter Umgang mit der eigenen Marke nach sich zieht. Die Konsequenzen können durchaus drastisch sein und fallen nicht selten in die Kategorie *Kleine Ursache, große Wirkung*. Nehmen wir beispielsweise einen Like. Es ist ein Klick, nichts weiter. Es dauert nur den Bruchteil einer Sekunde – doch dieser kann eine Karriere beenden, wie ein Fall aus dem Jahr 2016 zeigt: Damals hat ein CDU-Politiker einen Post und die

Facebook-Seite der AfD mit einem Like gewürdigt. Auch wenn er die beiden Likes später wieder zurücknahm, war die Nominierung für einen Ministerposten weg. Ist das nun übertrieben oder gerechtfertigt? Ich finde, dass eindeutig Letzteres der Fall ist. Viel zu oft nehmen wir die Aktivitäten, die in den Social Media stattfinden, auf die leichte Schulter. Aussagen wie »Ist doch eigentlich gar nicht so gemeint« oder »Wird man ja wohl gut finden dürfen« dürfen im Ernstfall nicht als Ausreden gelten. Jeder Like und jeder Kommentar sind eine Aktion, die mit uns und unserem Markenkern in Verbindung stehen. Das muss allen bewusst sein, und darum ist es so wichtig, sich auch in der Interaktion klar darüber zu sein, wem ich ein Like oder einen Kommentar hinterlasse.

> » Ein Like ist eine eindeutige Positionierung. Wir sollten nicht leichtfertig damit umgehen. Jede Positionierung sollte im Einklang mit unserem Social Me stehen.

Daher muss man eine Sensibilität für sein Verhalten in sozialen und beruflichen Netzwerken entwickeln. Jede Positionierung kann drastische Folgen haben. Negative ebenso wie positive. Ein Social Me muss also mit einer gewissen Verantwortung gepflegt und verwendet werden. Ich mache mir vor jedem Like Gedanken, ob ich es wirklich setze und was es bedeutet. Likes lassen sich durchaus auch strategisch einsetzen: Sie können ein Mittel sein, um Aufmerksamkeit zu signalisieren, sich inhaltlich zu positionieren und einen Kontakt anzubahnen.

Ich habe das Gefühl, dass Likes und Kommentare viel zu beliebig eingesetzt werden. Dadurch verlieren sie an Bedeutung, können Personenmarken verwässern und ziehen im schlimmsten Fall ungewollte Folgen nach sich.

» Mach dir bewusst: Jeder Kommentar ist Teil deiner Brand. Das verschafft dir enorm viele Möglichkeiten. Macht und Verantwortung müssen Hand in Hand gehen.

Wie bereits ausgeführt: Jede*r hat von vornherein schon eine Marke. Die Frage ist nur, ob wir sie selbst pflegen und gestalten. Insbesondere die Entwicklungen in der Arbeitswelt sind ein wichtiger Grund, warum wir uns mit unserem Social Me auseinandersetzen sollten. Eine gute Personenmarke ist die Basis für Zusammenarbeit in der neuen Arbeitswelt. Klar ist, dass die Digitalisierung unsere Arbeitskultur bereits nachhaltig neu prägt. Es gibt also eine gewisse Notwendigkeit, neue Arbeitsweisen und Methoden anzuwenden. Zwar sprechen alle über die Möglichkeiten von New Work wie Innovationsfähigkeit und Work-Life-Balance. Meist geht es dabei jedoch um Software-Tools und um Technik. Sehr viel seltener spielt das Thema Personal Branding eine Rolle. Meiner Ansicht nach muss aber der Fokus sehr viel stärker auf diesen Aspekt der Unternehmens- und Arbeitswelt gesetzt werden.

Denn zu Recht wird oft gesagt, dass Zusammenarbeit ein wesentlicher Teil dieser neuen Arbeitskultur ist. Es wird sehr viel stärker abteilungsübergreifend gearbeitet, und die neue

Flexibilität führt beispielsweise dank Remote Working oder Homeoffice zu »hybriden Teams«, bei denen ein Teil der Mitarbeiter lokal und andere mobil arbeiten. Die Zusammenarbeit in hybriden Teams ist viel einfacher, wenn man weiß, in welchen Bereichen die anderen Kolleg*innen oder auch die Mitarbeiter*innen anderer Unternehmen Expert*innen sind.

Insbesondere die doppelte Rolle als Mitarbeiter*in in einem Unternehmen und zugleich als eigene Persönlichkeit stellt eine Herausforderung dar. Denn als Vertreter*in eines Unternehmens spricht man nicht nur für sich selbst, sondern immer auch für jemanden anderen: für die beziehungsweise den CEO, für interne und externe Influencer*innen, für Journalist*innen oder für Produkte. Darum muss der bewusste Umgang mit einer Personenmarke in Unternehmen intern vorbereitet und begleitet werden.

Als Personenmarke und insbesondere als Repräsentant*in deines Unternehmens bist du immer auch zugleich ein Vorbild. Deine Worte haben Gewicht, andere Menschen möchten von dir hören, wie bestimmte Sachverhalte kommuniziert und argumentiert werden. Kaum jemand kann so genaue Einblicke in den Arbeitsalltag sowie in Dienstleistungen oder Produkte geben. Potentiell können alle Mitarbeiter*innen ein Unternehmen repräsentieren. Jede*r kann zur Personal Brand beziehungsweise zur Corporate Influencer*in werden – ob online oder offline. Es geht aber dabei nicht nur darum, den ohnehin schon langen Tätigkeitslisten einen weiteren Punkt hinzuzufügen. Vielmehr erreichst du dein volles Potential im Rahmen der neuen Arbeitswelt erst dann, wenn du dich als Personal Brand positionierst.

» Durch Personal Branding wird Arbeit effizienter: Mitarbeiter*innen können leichter mit anderen in Kontakt treten und zusammenarbeiten.

Darüber hinaus ist die heutige und zukünftige Arbeitskultur geprägt von Diversität und Vielfalt. Mehr Diversität in Teams, Abteilungen und Unternehmen insgesamt bedeutet zunächst mehr Reibung, mehr Diskussion und die Notwendigkeit zu mehr Kommunikation. Personenmarken helfen dabei, die eigenen Bedürfnisse und Herausforderungen im Arbeitsumfeld zu artikulieren. Änderungsprozesse können dadurch vermehrt von unten angestoßen werden, weil jedem Einzelnen mehr Macht zukommt. Ein Beispiel, an dem sich dies veranschaulichen lässt, sind arbeitende Mütter. Sie führen viel zu häufig ein Schattendasein in Unternehmen. Aufgrund ihrer geringen Anzahl sind sie in Netzwerken schon rein quantitativ unterrepräsentiert. Die Gründe dafür sind offensichtlich, und nicht selten ist es ihre Doppelrolle, die dazu führt, dass für Personal Branding und Netzwerken am Ende des Tages keine Zeit bleibt. Dass sie und ihre Anliegen zu selten sichtbar werden, ist wiederum ein Problem für andere arbeitende Mütter. Denn häufig fehlen hier positive Vorbilder. Sichtbarkeit ist also einer der Schlüssel für die Wahrnehmung ihrer Bedürfnisse. Als Social Me können sie mit ihren Gedanken, Herausforderungen und Erfolgen wahrgenommen werden. Damit schaffen sie ein Bewusstsein für ihre Lage. Sichtbarkeit ist die beste Voraussetzung dafür, andere zu motivieren, auf Probleme hinzuweisen und Lösungswege aufzuzeigen.

> »Sichtbarkeit ist der erste Schritt auf dem Weg zur Veränderung. Diversität in Unternehmen wird dann zum Erfolg, wenn alle Mitarbeitenden gleichermaßen wahrgenommen werden.

Oft stellt Zeit gerade für Gruppen wie arbeitende Mütter einen hinderlichen Faktor dar. Dabei genügen am Anfang bereits kleine Maßnahmen, um die eigene Sichtbarkeit zu erhöhen. Beispielsweise ein eigener Twitter- oder LinkedIn-Account, der ausschließlich für berufliche Zwecke genutzt wird. Diese Plattformen lassen sich sowohl dazu nutzen, das eigene Netzwerk zu erweitern, als auch dafür, sich selbst und sein Thema zu positionieren. Denn die Social Media eignen sich hervorragend dazu, die eigene Botschaft nach außen zu tragen. Und wer sich am Anfang mit der Äußerung seiner persönlichen Meinung schwertut, kann Artikel oder Beiträge teilen und inhaltlich darüber diskutieren.

So stellst du den Wissenstransfer in deiner Organisation sicher

Personal Brands erfüllen also unterschiedlichste Zwecke. Sie können Minderheiten dabei helfen, auf ihre spezifischen Bedürfnisse und Schwierigkeiten hinzuweisen. Sie dienen aber auch dazu, die Zusammenarbeit im digitalen Zeitalter effektiv zu gestalten. In jedem Fall geht es darum, zu kommunizieren und sich auszutauschen. Abstrakt ausgedrückt geht es um den Transfer von Wissen und Informationen.

In diesem Zusammenhang sind Mentoring-Programme eine ideale Institution in Unternehmen, um Mitarbeitende bei der fachlichen Weiterentwicklung oder dem nächsten Karriere-Step zu unterstützen. Ich bekomme allerdings oft die Rückmeldung, dass es zwar solche Programme gibt, diese aber nicht funktionieren. Insbesondere von Frauen höre ich häufig, dass die Programme insgesamt nicht laufen oder dass sie sich von ihnen nicht abgeholt fühlen. Das kann mehrere Gründe haben. Einer der häufigsten ist das Fehlen eines festen Ansprechpartners. Oft werden genau die Personen zu Mentor*innen berufen, die ohnehin schon tausend andere Aufgaben übernehmen. Das Thema Mentoring landet bei ihnen dann nicht oben auf der Liste, sondern in der Regel ganz unten. Dass Mentoring-Programme in solchen Fällen nicht funktionieren und keine Relevanz im Unternehmen haben, ist nicht verwunderlich. Damit ein ideales und spannendes Programm entstehen kann, braucht es neben ausreichend Zeit und Ressourcen vor allem eine hauptverantwortliche Person, die von allen mit dem Programm identifiziert werden kann. Auch hier kann Personal Branding entscheidend sein. Es sollte allen im Unternehmen klar sein, wer der oder die richtige Ansprechpartner*in ist und worum es inhaltlich bei einem Mentoring-Programm geht.

Erfolgreiche Mentoring-Programme zeichnen sich dadurch aus, dass es feste Spielregeln gibt, die vorab definiert wurden. Diese geben allen Maßnahmen, die innerhalb des Programms stattfinden, eine feste Struktur. Sowohl die Mentor*innen selbst als auch die Mentees müssen vorab gebrieft werden. Im ersten Gespräch sollte dann über die Erwartungen gesprochen werden – so werden Enttäuschungen auf beiden Seiten minimiert.

Dazu gehört es auch festzulegen, in welche Richtung das Mentoring gehen soll: Geht es um einen Jobwechsel, eine stärkere Einbindung in unternehmerische Strukturen, eine fachliche Weiterbildung oder um eine Problemsituation? Außerdem sollte vorab definiert werden, wie oft und in welchen Abständen Treffen stattfinden.

Ebenfalls kritisch für das Funktionieren von Mentoring-Programmen ist die Frage: Wer trifft da eigentlich wen? Meiner Meinung nach ist hier vor allem Diversity der Schlüssel zum Erfolg. Das Matching muss generationsübergreifend, hierarchieübergreifend und nicht zuletzt auch genderübergreifend ansetzen. Digital Natives müssen mit den sogenannten »Digital Immigrants« gematcht werden, damit hier der Wissenstransfer in beide Richtungen stattfinden kann. Alle müssen voneinander lernen können. Ein gutes Beispiel dafür ist *Reverse Mentoring*. Dabei handelt es sich um ein Format, bei dem Wissen generationsübergreifend weitergegeben werden soll. Reverse, also umgekehrt, funktioniert in diesem Fall die Lernrichtung. Nicht ältere Mitarbeiter*innen geben ihre Erfahrungen und ihr Wissen an jüngere weiter, sondern umgekehrt. Denn gerade die Digital Natives verfügen über wertvolles Wissen, das im gesamten Unternehmen gebraucht wird. Nun ist es aber so, dass die jüngere Generation alles andere als eine homogene Gruppe ist, wie es der Begriff Digital Natives vielleicht suggeriert. Vielmehr ist das digitale Know-how auch in dieser Generation äußerst unterschiedlich verteilt. Darum funktionieren Mentoring-Programme auch im Fall von Reverse Mentoring nur dann wirklich gut, wenn jede*r Einzelne sich als Personal Brand für das eigene Fachgebiet positioniert.

Gerade wenn es um komplexe Themen wie die Digitalisierung geht, braucht es Gesichter und Persönlichkeiten, die diese Themen vermitteln. Wenn sich Unternehmen mit Fragen rund um die Digitalisierung beschäftigen, sollte zuerst gefragt werden: *Wer* kann für diese Inhalte stehen? Dann kann es Themenbotschafter*innen geben, die konkret verdeutlichen und vorleben, welche Auswirkungen beispielsweise die Künstliche Intelligenz für den Arbeitsalltag haben wird oder welche Relevanz Daten in Organisationen haben. Solche Themen müssen einerseits inhaltlich verständlich präsentiert werden. Andererseits geht es aber auch darum, die dahinterstehenden Werte zum Ausdruck zu bringen, sich eine Meinung dazu zu bilden und für diese dann einzustehen.

Employer Branding im Zeitalter des Social Me

Personal Brands beziehungsweise Corporate Influencer*innen spielen beim Wissenstransfer in Unternehmen eine wichtige Rolle im Wettbewerb um junge Talente. Spätestens seitdem nahezu jede Branche mit Fachkräftemangel zu kämpfen hat, steht Recruiting ganz oben auf der Agenda. Gerade wenn es um die jüngeren Generationen geht, kommt ein Mentalitätswandel zur allgemeinen Gemengelage hinzu, auf den Unternehmen zwingend reagieren müssen. Noch vor wenigen Jahren war es für viele junge Menschen Ansporn genug, zu einem großen Konzern oder einem Unternehmen mit einer gewissen Reputation zu gehen. Das ist heute anders. Jungen Talenten stehen heute vom innovativen Start-up, über die Selbständigkeit bis hin zum mittelständischen Unternehmen und großen Konzern alle Wege offen – und zwar im In- und im Ausland. Ihre Entscheidung basiert ganz wesentlich auch darauf, wie ihnen Unternehmen dort begegnen, wo sie einen großen Teil ihres Lebens verbringen: in den Social Media.

Heute genügt es nicht mehr, wenn Unternehmen eine starke Brand haben. Und auch Branchen, die früher per se eine starke Anziehungskraft hatten, müssen heute umdenken. Sie müssen sich die Frage stellen, wie sie von außen wahrgenommen werden und wer sie nach außen repräsentiert. Hinter all diesen Fragen stehen einzelne Menschen und deren Social Mes.

Challenge: Denk an deine Zielgruppen

Visualisiere, welche Themen deines Arbeitgebers oder deines Unternehmens du auch selbst repräsentieren kannst und willst. Welche Themen gibt es, die wiederum dich persönlich interessieren, aber bei denen es keine Schnittmengen mit deinem Beruf gibt? Überlege dir, ob du die unterschiedlichen Themen auch auf unterschiedlichen Kanälen kommunizieren willst. Ein Beispiel: Du arbeitest als IT-Expert*in und interessierst dich persönlich für Themen rund um Coaching – eventuell haben diese Themen eher Platz auf deinem persönlichen Instagram-Profil als auf LinkedIn? Auf deinem LinkedIn Profil kannst du hingegen Themen rund um IT und Digitalisierung teilen.
Sei dir dessen bewusst, dass es in Ordnung ist, unterschiedliche Interessen zu haben, frag dich aber immer: Ist jedes meiner Interessensgebiete für jede meiner Zielgruppen spannend?

IN ALLER KÜRZE:

Personal Branding spielt selbstverständlich auch in Unternehmen eine wesentliche Rolle. Jede*r Mitarbeiter*in hat eine Personal Brand und benötigt diese im digitalen Zeitalter immer häufiger. Denn die Arbeitswelt wird durch die Digitalisierung vollständig umstrukturiert. Abteilungsgrenzen verschwimmen, und Menschen arbeiten verstärkt mobil. Personenmarken helfen dabei, Wissen und Informationen effektiv zu kommunizieren. Auch die Zusammenarbeit mit anderen Unternehmen wird einfacher, wenn eine starke Personal Brand klarmacht, welche Expertise hinter ihr steht.
Darüber hinaus erfüllen Personal Brands noch weitere Funktionen in der neuen Arbeitswelt. Wenn es ums Recruiting geht, helfen Personal Brands dabei, Unternehmen für junge Talente attraktiv zu machen. Und innerhalb von Unternehmen erleichtern sie die Kommunikation und den Transfer von Wissen. Nicht zuletzt sind sie der Garant dafür, dass neben neuen Technologien vor allem die Menschen zum Vorschein kommen. Sie sind es schließlich, deren Arbeitsumfeld von der digitalen Transformation betroffen ist.

KAPITEL 14

HOL DIR DEINEN ERFOLG!

Wie Personal Branding dir die Aufstiegschancen und Erfolge verschafft, die du verdienst

Meine Mutter gab mir vor einigen Jahren einen Rat. Sie sagte: »*Du* musst die Agenda in deinem Leben setzen, sonst macht es jemand anders für dich.« Dieser Rat begleitet mich seither. Wie man das mit elterlichen Ratschlägen so macht, habe ich auch diesen erst einmal reifen lassen. Aber ich erinnere mich noch gut an den Moment, in dem ich mich dann tatsächlich entschlossen habe, meine Agenda selbst in die Hand zu nehmen. Es hatte etwas Befreiendes, Ermutigendes und Emanzipierendes. Von nun an bestimmte ich selbst meine Themen. Ich war die CEO meines Lebens. Dabei möchte ich nicht verschweigen, dass diese Entscheidung gleichzeitig auch etwas Beängstigendes und Respekteinflößendes hat. Wenn du die Verantwortung für dich und deine Agenda übernimmst, hast du nicht nur die Freiheit, alles selbst zu bestimmen. Auch die Fehltritte gehen auf dein Konto. Solange du aus ihnen lernst, bedeuten diese wie bereits ausgeführt noch lange keinen Weltuntergang. Und alle Unwägbarkeiten sind es absolut wert, dein Schicksal selbst in die Hand zu nehmen. Denn das, was du gewinnst, wenn du deine Agenda bestimmst, ist so viel größer als all diese Augenblicke der Unsicherheit.

» Die eigene Agenda zu bestimmen ist die Quintessenz von Personal Branding. Damit schaffst du dir die Grundlage für deinen Erfolg.

Dein Social Me bietet dir Aufstiegschancen

Ich bin davon überzeugt, dass ich ohne Personal Branding heute nicht an demselben Punkt in meiner Karriere stünde. Ein Grund, weshalb ich das glaube, ist quasi statistischer Natur. So belegt der *Hochschul-Bildungs-Report* des Stiftungsverbands, der in Zusammenarbeit mit der Unternehmensberatung McKinsey entstand, dass soziale Herkunft im deutschen Bildungssystem entscheidend ist. Wenn es also rein nach der Statistik ginge, dürfte ich heute keine Unternehmerin sein. Die sogenannten »Arbeiterkinder« durchlaufen laut Hochschul-Bildungs-Report sehr viel seltener die Bildungslaufbahn. Es fängt schon mit der Studiums-Quote an: Während immerhin 74 von 100 »Akademikerkindern« studieren, sind es nur 21 von 100 Kindern aus Haushalten mit Eltern ohne Hochschulabschluss. Folgende Grafik verdeutlicht dies:

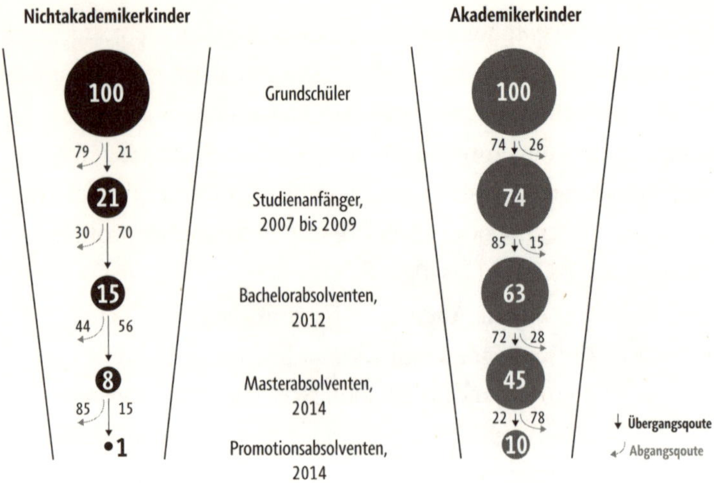

nach einer Grafik aus: Stifterverband für die Deutsche Wissenschaft e.V (Hg): Hochschul-Bildungs-Report 2020. Höhere Chancen durch höhere Bildung? Jahresbericht 2017/2018 – Halbzeitbilanz 2010 – 2015. Essen 2017, S. 12.

Das ist ein großer Verlust, nicht nur für das Bildungssystem, sondern vor allem für die Arbeitswelt. Aus genau diesem Grund hat die OECD Deutschland in einer Studie vor den gravierenden Folgen für die Wirtschaft gewarnt[7]. Im Bildungssystem werde ein großer Teil der Talente verschwendet, indem ihnen sowohl die Möglichkeit eines hohen Bildungsabschlusses als auch die der Unternehmensgründung verwehrt wird. Kinder aus einkommensschwachen Familien brauchen in Deutschland bis zu sechs Generationen, um in eine durchschnittliche Einkommensklasse aufzusteigen. Es ist aber nicht nur so, dass

7 Vgl.: OECD (Hg.): *A Broken Social Elevator? How to Promote Social Mobility*, Paris 2018.

der soziale Aufstieg nur den wenigsten gelingt. Viele verstecken ihre soziale Herkunft. Sie wollen nicht, dass sie nur aufgrund ihrer Geschichte gefördert werden. Sie wollen nur Anerkennung für Leistungen bekommen, die sie wirklich erbracht haben. Ansonsten stellt sich schnell der Eindruck ein, dass sie nur von ihrer Herkunft oder ihrer speziellen Situation profitieren. Das Impostor-Gefühl lässt grüßen.

> » Deutschland, wir haben ein Problem! Tausende Talente werden am sozialen und wirtschaftlichen Aufstieg gehindert. Personal Branding verschafft Aufstiegschancen.

Jetzt aber zur guten Nachricht: Jede*r kann (und sollte) auf Personal Branding setzen. Dafür gibt es weder eine Zulassungsbeschränkung, noch schließt die soziale, ethnische oder geschlechtsspezifische Zugehörigkeit Menschen davon aus. Personal Branding ist *die* Antwort auf die aktuelle Situation in Ländern wie Deutschland. Denn mit Personal Branding kann jede*r seine Aufstiegschancen erhöhen. Wenn du deine eigene Agenda setzt, wirst du mit deinen Zielen und Ambitionen sichtbar. Das erhöht die Chancen, dass du genau die Personen triffst, die dich weiterbringen. Sei es bei deiner persönlichen Entwicklung oder bei deiner beruflichen Karriere. Als Personal Brand schaffst du dir ein Netzwerk, das dir eine Plattform bietet, um dich und deine Talente zu präsentieren. Dabei geht es aber um mehr als bloße Selbstinszenierung.

Deine Agenda ist mehr als Selbstinszenierung

Die eigene Agenda zu setzen bringt es natürlich mit sich, dass man als Person in Erscheinung tritt. In Erscheinung zu treten bedeutet aber nicht automatisch, sich selbst zu inszenieren. Der Fokus auf die eigenen Inhalte ist im Grunde schon der beste Schritt, um dem Vorwurf der Selbstinszenierung aus dem Weg zu gehen. Dabei ist Selbstinszenierung an sich weder gut noch schlecht. Vielmehr ist es so, dass wir uns immer bis zu einem gewissen Grad inszenieren. Es gibt also kein Entkommen: Ebenso wie man bekanntlich nicht nicht kommunizieren kann[8], kann man sich nicht nicht inszenieren. Nehmen wir dazu ein einfaches Beispiel aus dem Bereich Mode. Selbst wenn jemand auf alle Gepflogenheiten pfeifen und immer im Schmuddel-Look das Haus verlassen will, handelt es sich dabei immer noch um eine Selbstinszenierung. In diesem Fall sagt diese: Ich inszeniere mich als jemand, der nicht viel auf Normen und Modeerscheinungen gibt.

Zwei Bilder, die im vergangenen Jahr durch die Medien gingen, verdeutlichen das. Das eine zeigt Familienministerin Franziska Giffey (SPD), die am Weltfrauentag 2019 in die Rolle einer Müllwerkerin bei der Berliner Stadtreinigung schlüpfte. Aus demselben Jahr stammt auch das berühmte Foto von Greta Thunberg, auf welchem sie sich auf der Heimreise durch Deutschland befand. Als dieses Foto einen Medienrummel

8 Watzlawick Paul: *Man kann nicht nicht kommunizieren*, Bern 2011.

auslöste, äußerte sich Franziska Giffey über das Bild von Greta und warf ihr vor, dass es sich dabei auch ein Stück weit um »Selbstinszenierung« handele. Da war es, das böse Wort. Daran entzündete sich naturgemäß eine Diskussion, bei der es nicht lange dauerte, bis jemand feststellte, dass diesem Vorwurf gerade aus dem Munde einer Politikerin eine gewisse Unglaubwürdigkeit anhaftet. Schließlich – so der Vorwurf in der öffentlichen Debatte – inszenieren sich Politiker*innen doch auch häufig selbst. Und sei es etwa keine Selbstinszenierung, wenn eine Franziska Giffey sich als Müllwerkerin ablichten lässt und dabei auch von der Presse begleitet wird?

An der ganzen Diskussion gibt es einige interessante Aspekte, allen voran die Tatsache, dass es sich um eine Meta-Diskussion handelt. Von den eigentlichen Inhalten, um die es hier vielleicht gehen könnte und sollte – Frauen in der Arbeitswelt, Umweltschutz oder Nachhaltigkeit –, ist gerade nicht die Rede. Stattdessen geht es um Selbstinszenierung und Glaubwürdigkeit einzelner Akteurinnen. Nimmt man die Äußerung von Franziska Giffey aber ernst, dann finde ich auch den Umstand auffällig, dass der Vorwurf der Selbstinszenierung für sich genommen kaum Widerspruch gefunden hat. Lediglich die Legitimität der Person, die den Vorwurf geäußert hat, wurde infrage gestellt. Und tatsächlich stimme ich mit der in diesem Zusammenhang geäußerten Kritik überein, dass Politik immer auch ein Stück weit Selbstinszenierung ist. Ich möchte aber noch einen Schritt weiter gehen. Denn Selbstinszenierung klingt immer nach »unecht«, »gespielt«, »falsch«, »verwerflich« oder nach »Kalkül«. Aber ist es das wirklich? Warum haftet der Selbstinszenierung – übrigens ganz ähnlich wie dem Konzept des Personal

Branding insgesamt – etwas Negatives an? Sich selbst in Szene zu setzen ist an und für sich weder gut noch schlecht, sondern etwas, das man gut oder schlecht machen kann. Ich finde, dass eine gelungene Selbstinszenierung durchaus überzeugend sein und auch echt wirken kann. Die Inszenierung an sich ist nicht verwerflich. Verwerflich sind nur Selbstinszenierungen, die einem verwerflichen Zweck dienen – die Inszenierung selbst hat damit jedoch nur wenig zu tun.

Selbstinszenierung sollte niemals ein reiner Selbstzweck sein oder punktuell instrumentalisiert werden. Das erlebe ich beispielsweise immer wieder bei Führungskräften, die sich mit Leadership-Themen positionieren. All die hohen Ziele, Werte und Ideale werden genau in den Momenten wirklich auf die Probe gestellt, wenn beispielsweise im Rahmen eines Events die Mitarbeiter*innen des Caterings den Raum betreten. Dann zeigt sich, wie ernst sie es mit ihrer Positionierung meinen. Nur zu oft höre ich von Geschichten über Führungskräfte, die sich abwertend gegenüber Servicekräften verhalten. Wenn dieses Verhalten nicht zu dem passt, was diese sonst predigen, dann ist auch die Positionierung nicht glaubwürdig. Erst durch Brüche zwischen tatsächlichem Verhalten und der Positionierung wirkt letztere wie eine Selbstinszenierung, die dann als falsch oder aufgesetzt bewertet wird.

» Personal Branding bedeutet, dass die eigene Haltung zur Positionierung passen muss.

Die reine Kritik an der Selbstinszenierung halte ich aus Gründen wie diesen für problematisch. Diskussionen wie die um Franziska Giffey und Greta Thunberg sind mit dafür verantwortlich, dass es als verwerflich gilt, sich um sich selbst, das eigene Schicksal und die eigene Mission zu kümmern. Sie verbauen im schlimmsten Fall Menschen den Weg, ihr wahres Potential zu entfalten, ihren Weg zu finden und sich ihre Erfolge zu holen. Denn gerade in der Inszenierung des eigenen Könnens und der eigenen Persönlichkeit liegt eine immense Chance. Sie gibt dir die Möglichkeit an die Hand, selbst darüber zu bestimmen, wie du wahrgenommen wirst und welchen Teil deiner Geschichte du erzählen möchtest. Werde zur Autor*in deines Lebens!

Dein Social Me als ungeschriebenes Buch

Stell dir vor, dein Leben und dein Social Me sind ein ungeschriebenes Buch. Wenn du am Anfang stehst, ist noch alles offen. Du kannst entscheiden, wie das Buch aussehen soll. Welches Cover passt zu dir und zu deinem Leben? Das Cover ist dein Aushängeschild. Der Titel, den du dir und deinem Social Me geben willst, muss so kurz und eingängig sein, dass ihn alle mit deinem Namen verbinden. Fünf Sätze mit jeweils drei Nebensätzen eignen sich erfahrungsgemäß eher nicht so gut. Mindestens ebenso wichtig ist das Titelbild. Was ist der erste Eindruck, den deine Leser*innen von dir und deinem Buch haben sollen? Auch die Rückseite eines Buches enthält oft entscheidende Informationen. Hier finden sich neben einer kurzen Zusammenfassung des Inhalts oft Empfehlungen von Menschen, die das Buch bereits vorab gelesen haben. Auch Elemente wie diese können dabei helfen, das Interesse zu wecken.

Nach dem Titel, dem Titelbild und der Rückseite musst du dich mit den Inhalten beschäftigen. Welche Inhalte machen dein Leben, dich als Person und dein Social Me aus? Was ist wichtig und steht am Anfang? Wie ausführlich soll welcher Inhalt vorkommen? Aus welchem Kapitel zitierst du, wenn du zu einer Veranstaltung eingeladen wirst? Dein Buch stellt dein Repertoire an Geschichten und Belegen für deine Fähigkeiten, dein Können und deine Erfahrungen dar. Die Betonung liegt dabei auf *deiner* Geschichte. Denn auch wenn die meisten Bücher aus schwarzen Zeichen auf weißem Papier bestehen, muss das in diesem Fall nicht so sein! Besonders dieses metaphorische Buch darf und sollte vor Farbe und Bildern nur so strotzen. Die Inhalte in schwarz-weißer Schrift sind quasi nur die neutrale Grundlage für dich und deine Persönlichkeit. Gib den Inhalten deine Färbung, deine persönliche Note. Koloriere die Seiten deines Buches so, dass alle Leute in deinem Netzwerk über dieses Buch sprechen. Deine Kolleg*innen stellen beispielsweise einen wichtigen Leserkreis deines Buches dar. Dein Buch muss so spannend sein, dass sie es lesen wollen. Mehr noch: Du und deine Inhalte müsst ihnen nachhaltig im Gedächtnis bleiben. Sie müssen sofort an dich denken, wenn eine Frage auftaucht, die in dein Themengebiet fällt.

» Dein Social Me ist wie ein Buch. Du hast in der Hand, wie es aussieht. Pack all die Aspekte deiner Persönlichkeit und deines Lebens, die dich ausmachen, hinein.

Dieser Vergleich von Personal Branding mit dem Verfassen eines Buches ist sehr weit gefasst und sollte auch so verstanden werden. Auch ein Buch muss nicht nur aus dem geschriebenen Wort bestehen. Sprich: Mach eine Hörbuchfassung daraus, geh auf Lesereise und erzähl bei jeder Gelegenheit etwas aus deinem Repertoire. Gib deine Inhalte wieder und sprich über dich und dein Leben. Und zu jeder guten Buchveröffentlichung gehört schließlich auch ein entsprechendes Marketing. Vergiss also nicht, kräftig die Werbetrommel für dich und deine Inhalte zu rühren! Bring deine Mitmenschen dazu, über dich und dein Buch zu reden. Dein Ziel sollte sein, dass Leute, denen du nach zehn Jahren wiederbegegnest, sich sofort an dich und deine Geschichte erinnern.

» Storytelling und Branding sind der Schlüssel, um Menschen im Gedächtnis zu bleiben. Diese beiden Grundelemente ermöglichen es dir, dir den Erfolg zu holen, den du verdienst.

Selbstwahrnehmung, Positionierung und Fremdzuschreibung

Abschließend soll es noch um die Nachhaltigkeit deiner Positionierung und einige praktische Tipps gehen. Denn all deine Bemühungen und all deine Anstrengungen sollen sich am Ende des Tages auszahlen und für dich lohnen. Daher ist es wichtig, ein Sensorium dafür zu entwickeln, ob deine Positionierung funktioniert. Ein wichtiges Korrektiv sind dabei Freund*innen und Familie, Brand-Mentor*innen oder vergleichbare Sparringspartner*innen, denen du vertraust. Sie können dich darauf hinweisen, wenn du dich in eine Richtung entwickelst, die nicht mehr mit deinen ursprünglichen Zielen übereinstimmt.

Es gibt aber auch kleine Momente der Kränkung oder Irritation, für die du ein Gefühl entwickeln solltest. Wirst du genau so wahrgenommen, wie du es beabsichtigt hast? Beschreiben dich andere Menschen so, dass du dich darin wiederfindest? Ich wurde beispielsweise einmal als die Kim Kardashian des Personal Brandings bezeichnet. Weder fühlte ich mich von diesem Vergleich wirklich geschmeichelt noch wirklich gekränkt. Schließlich handelt es sich bei Kim Kardashian um eine hochgradig erfolgreiche Frau, die eine weltweit bekannte Marke aufgebaut hat. Aber so richtig konnte ich mich dennoch nicht mit der Zuschreibung identifizieren. Meine Irritation führte dazu, dass ich begann, darüber nachzudenken, wie ich mich in der letzten Zeit geäußert und präsentiert habe. Momente wie diese können dabei helfen, deine Positionierung zu überprüfen und wenn nötig anzupassen. Es kann aber auch vorkommen, dass du gefühlt gar nicht mehr weiterkommst. Auch dafür gibt es Auswege.

Was tun, wenn du dich verzettelt hast?

In meinen Workshops spreche ich nicht nur mit Menschen, die am Anfang ihrer Personal-Branding-Reise stehen, sondern auch mit erfahrenen Personenmarken. In den Gesprächen über persönliche Erfahrungen und auch Schwierigkeiten wird immer wieder deutlich, dass es oft ähnliche Herausforderungen sind, die auftauchen können. Auch wenn es viele Gründe gibt, warum es beim Personal Branding mal nicht weitergeht, möchte ich hier auf die drei häufigsten Fehler beim Personal Branding eingehen und zeigen, wie du sie vermeidest.

1. Deine Personal Brand ist reaktiv, du gestaltest sie nicht aktiv

Obwohl eigentlich du deine Agenda setzen solltest, hast du das Gefühl von Fremdbestimmtheit oder Planlosigkeit. Der Grund dafür ist häufig, dass Menschen nicht genau wissen, was sie erreichen wollen. Darum nehmen sie zwar viele Gelegenheiten wahr, um in Erscheinung zu treten und sich zu positionieren. Am Ende des Tages kommen sie aber nicht weiter und treten auf der Stelle. Dagegen hilft: Öfter auch mal Nein sagen, wenn ein Angebot oder eine Gelegenheit nicht zu 100 Prozent zu dir passt. Auch wenn es paradox klingt – je öfter du Nein sagst, desto höher ist die Wahrscheinlichkeit, dass du ein passendes Angebot bekommst.

2. Du weißt nicht, was dich wirklich einzigartig macht

Hast du eine Schaffens- oder Sinnkrise? Oder fällt es dir schwer, deinem Social Me eine eindeutige Richtung zu geben? In Situationen wie diesen hilft es, dir klarzumachen, was dich einzigartig macht. Mein Tipp: Versuch nicht, dich ausschließlich über dein Thema von anderen abzugrenzen. Vergegenwärtige dir dazu beispielsweise, dass es hunderttausende Fotografen auf der Welt gibt. Sie alle machen und posten täglich Millionen von Bildern. Das Faszinierende dabei ist: Jede*r einzelne hat ihren beziehungsweise seinen eigenen, unverwechselbaren Stil. Und die Bilder, die entstehen und geteilt werden, berühren jeden Tag Millionen von Menschen aufs Neue. Denke immer daran, dass deine spezielle Note, deine Persönlichkeit den Unterschied macht.

3. Du traust dich nicht, um Hilfe zu fragen

Personal Branding ist keine Atomphysik. Die Lösung für bestimmte Herausforderungen ist oft einfacher, als man glaubt. Die Lösung für viele Situationen ist nur eine Mail, einen Anruf oder eine Nachricht weit entfernt. Menschen lieben es, anderen Menschen zu helfen. Mein ultimativer Tipp lautet darum: Hilf anderen und zögere nicht, Hilfe von anderen anzunehmen. Nicht jede*r kann alles, und nicht jede*r muss alles können. Nutze die Talente anderer und lass dir bei Dingen helfen, die sie besser können als du.

Hol dir deinen Erfolg!

Am Ende dieses Buches möchte ich dich dazu ermutigen, dich und deine Geschichte anzuerkennen und anderen zu erzählen, deine Themen und deine Agenda zu setzen – und letzten Endes dir den Erfolg zu holen, den du verdienst. Ganz gleich, ob du am Anfang stehst oder seit Jahren dabei bist. Mach dir immer wieder klar, warum du dich mit Personal Branding beschäftigen solltest. Mit deiner Plattform, deinem Netzwerk und deiner Marke schaffst du dir Aufstiegschancen. Du emanzipierst dich als Person und machst dich unabhängiger von äußeren Einflüssen. Zum Abschluss möchte ich dir noch zwei Tipps mit an die Hand geben, die mir selbst sehr dabei helfen, mich weiterzuentwickeln und meine mir selbst gesteckten Ziele zu erreichen. Der erste Tipp lautet: Visualisiere deine Ziele. Ich mache das immer zum Jahresende. Die Zeit zwischen den Jahren eignet sich hervorragend dazu, sich zu besinnen, auf das Erreichte zurückzublicken und nach vorne zu schauen. Ich schreibe mir seit Jahren immer auf, was ich im nächsten Jahr alles machen und erreichen möchte. Dadurch kann ich zum einen immer zum Jahresende überprüfen, hinter welche meiner Ziele ich tatsächlich einen Haken setzen kann und welche noch offen sind. Zugleich formuliere ich für mich selbst neue Ziele. Seit ich mir meine Pläne auf diese Weise aufschreibe und somit visualisiere, fällt es mir sehr viel leichter, sie umzusetzen. Denn diese Praxis zwingt mich, mir gleich zu überlegen, wie ich all das anstellen will. Und ich weiß ganz genau, wie ich selbst über mich in einem Jahr denken werde, wenn ich etwas nicht streichen kann, weil ich es nicht erreicht habe oder es von Anfang an zu unrealistisch war.

! Visualisiere deine Ziele. Such dir einen festen Termin, an dem du dich mit deinen Zielen beschäftigst.

Mein zweiter ultimativer Tipp lautet: Feiere deine Erfolge. Es ist wichtig, sich Rituale zu überlegen, mit denen man das Erreichte erzähl- und erlebbar macht. Mit meinen Mitarbeiter*innen mache ich das beispielsweise immer im Rahmen unserer Weihnachtsfeier. Wir erzählen uns alle, worüber wir im vergangenen Jahr besonders glücklich waren und was wir alles erreicht haben. Das erfüllt ganz besonders mich immer mit viel Freude, Demut und Stolz. Oft wird mir wirklich erst in diesem Moment bewusst, was da eigentlich für ein wahnsinniges Jahresprogramm hinter uns liegt. Und dann wird natürlich kräftig gefeiert!

! Feiere unbedingt deine Erfolge! Dadurch werden sie für dich selbst real, und du machst erlebbar, was du geschafft hast.

Challenge: Finde den Buchtitel für dein Leben

Geh in einen Buchladen – den einen oder anderen gibt es hoffentlich noch in deiner Nähe – und stöber durch die Regale. Welches der Cover spricht dich an? Überlege, was du ansprechend findest und warum? Was sagen die Bücher, die du gut findest, über dich aus? Sind es Sachbücher oder Romane? Wenn du deine Auswahl getroffen hast, arbeite damit weiter: Wenn du nun deiner Persönlichkeit und deinem Leben einen Titel geben müsstest, wie lautet dieser? Tipp: Vielleicht gibt es ja bereits ein Buch, dessen Titel genau zu dir passt? Wer würde das Vorwort zu deinem Buch verfassen? Gibt es jemanden, den du bitten würdest, eine Empfehlung für die Rückseite auszusprechen?

IN ALLER KÜRZE:

Wenn ich heute auf mein bisheriges Leben zurückblicke, dann kann ich mit voller Überzeugung behaupten, dass Personal Branding einen wesentlichen Anteil an meiner beruflichen Karriere hat. Persönlicher und wirtschaftlicher Erfolg sind nicht nur das Ziel vieler Menschen – es wird insbesondere in Deutschland zunehmend schwierig, den sozialen Aufstieg zu meistern. Personal Branding bietet hier eine unvergleichliche Perspektive, die allen Menschen unabhängig von ihrer sozialen oder ethnischen Herkunft offensteht.
In diesem abschließenden Kapitel habe ich noch einmal die wichtigsten Aspekte zusammengefasst, die Personal Branding im Kern auszeichnet. Darüber hinaus ging es in diesem Kapitel um die Frage, warum Personal Branding mehr ist als reine Selbstinszenierung. Und ich habe dir noch einmal zahlreiche praktische Tipps an die Hand gegeben, für den Fall, dass du mal in deiner Strategie feststeckst und gerade nichts mehr weitergeht.

REGISTER